産報ブックレット1

# マルチマテリアル時代の接合技術

― 異種材料接合を用いたものづくり ―

中田 一博 著

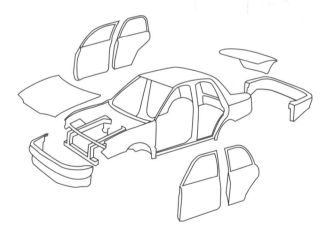

産報出版

# 目　次

はじめに　　3

## 第1章　材料機能と異種材料接合　　5
1.1　材料とその機能　　5
1.2　異種材料接合とは　　6
1.3　異種材料接合はなぜ必要なのか　　7
1.4　今，特に注目されるキーワード「マルチマテリアル化」とは　　9
1.5　接合法にはどのような種類がありますか　　9

## 第2章　異種材料接合のニーズ　　12
2.1　異種材料接合技術の動向　　12
2.2　最近の異種材料接合技術の動向に変化はありますか　　15
2.3　異種材料接合の実用化の現状はどの程度ですか　　15

## 第3章　金属材料同士の異種材料接合　　18
3.1　金属材料同士の異種材料接合は難しいのですか　　18
3.2　成形加工法の異なる金属材料の接合は可能ですか　　20
3.3　第1世代：同種金属をベースとした合金間の異種材料接合の現状　　21
3.4　第2世代：異なる金属間の異種材料接合の現状　　21

## 第4章　金属／樹脂・CFRPの異種材料接合　　36
4.1　金属／樹脂，あるいは金属／CFRPの異種材料接合は可能ですか　　36
4.2　金属と樹脂の直接接合の仕組み　　40
4.3　新しい熱圧着法による金属と樹脂・CFRPとの直接接合の検討例　　43

## 第5章　金属／セラミックスの異種材料接合　　52
5.1　金属／セラミックスの異種材料接合は可能ですか　　52
5.2　金属／ダイヤモンドの異種材料接合もできる　　52
5.3　金属／セラミックスはどのような仕組みで接合されるのですか　　54

## 第6章　今後の展開　　56
6.1　異種材料接合技術の実用化への課題　　56
6.2　さらなる挑戦：可逆接合・常温接合　　57

おわりに　　61

# はじめに

　最近，自動車の軽量化を目指したものづくり技術として，マルチマテリアル，あるいはマルチマテリアル化というキーワードが良く用いられるようになっています。これは，従来のような鉄鋼材料をベースとした車体構造ではもはやその軽量化の程度には限界があるため，鉄鋼材料以外で，より軽量化を図れる材料にも目を向けて，可能な限り，併用して軽量化目標を達成しようとする考えから出ています。もちろん，やみくもに使用するのではなく，その材料の特徴である長所を生かし，かつ，欠点を補うことができる最も適した場所に使用します。すなわち，一般的に良く知られている"適材適所"の考え方です。

　鉄鋼材料よりも軽い金属材料には，アルミニウム合金とマグネシウム合金があります。まず，自動車エンジンが軽量化のために鋳鉄製からアルミニウム合金製に代わり，続いて車体構造でもアルミニウム化が進められています。また一部ではマグネシウム合金の使用も検討されてきています。このような軽量化を目指した流れの延長として，航空機分野で積極的に用いられている樹脂や炭素繊維強化樹脂（CFRP）を自動車車体の一部に取り込んで，更なる軽量化を目指そうとしているのが，今日の技術開発のトレンドです。そして，このような車体のマルチマテリアル化を実現するために必要不可欠なものづくり技術が異種材料接合技術になります。

　材料は，構成元素の結合機構により，大きくは，金属材料，高分子材料およびセラミックス材料に分類されます。異種材料接合とは，文字どおり，これらの異なる材料を接合することを意味します。

　一方，現代の製造産業においては，船，鉄道，石油化学プラントや発電プラント，各種産業機械，橋梁，ビルディングなど，多様な構造物があり，また使

用される主要な構造材料は金属材料であり，その中でも鉄鋼材料になります。そしてその使用環境に耐えられるように特色ある機能を有する各種の鉄鋼材料（炭素鋼，高張力鋼，合金鋼，ステンレス鋼など）がその材料特性に応じて適用されています。また一部ではアルミニウム合金，銅合金，ニッケル合金，チタン合金などの非鉄金属材料も使用されています。

これらの金属材料からなる構造物の製造工程においては，溶融溶接法であるアーク溶接がもっぱら用いられています。また，構造物の要求性能の必要に応じて，古くから異なる鉄鋼材料や，さらに鉄鋼材料と非鉄金属材料を溶接する技術が開発されてきました。このような異なる金属材料を溶接することを一般に「異材溶接」と呼んでいます。鉄鋼材料においては多くの異材溶接の組合せが実用化されています。

すなわち，「異種材料接合」は幅広い，広義の意味で異なる材料を接合することであり，一方，「異材溶接」は主に鉄鋼材料と一部の非鉄金属材料を対象とした異なる材料を溶融溶接する意味で用いられています。

材料を結合する方法には多様な方法がありますが，大きくは溶融溶接法，固相接合法，ろう接，接着，さらに機械的締結法に分類され，さらにそれぞれ多くの種類があります。接合法は広い意味でこれらを総称して用いられます。一方，狭い意味では，溶融溶接法以外を指し，使用対象材料も金属，高分子，およびセラミックス材料を含みます。

本書では，異材溶接を含む異種材料接合について，各種の接合法や溶接法の特徴とその適用性，ならびに，どのような仕組みで異なる材料が接合されているのか，その接合機構と，接合継手の強度特性などとの関係について，その技術開発の現状を俯瞰し，さらに今後の課題と展望について実用化の観点から記述しました。本書一冊で，異種材料接合と，それを活用したマルチマテリアル化による新しいものづくり技術に触れることができます。

++++++++++++++++++++++++++++++++++++++

# 第1章
# 材料機能と異種材料接合

++++++++++++++++++++++++++++++++++++++

## 1.1 材料とその機能
### 1.1.1 素材による材料の分類

　材料という言葉が日常的によく使われますが，材料とは具体的に何を指すのでしょうか。ここでは，まず本書で使用する材料の定義について説明します。

　材料には原材料と，原材料から工業的に作り出された工業材料があります。原材料の代表的なものとして，天然に産出する鉄鉱石，ボーキサイト，石灰石などの鉱石や原油などがあります。鉄鉱石からは鉄，ボーキサイトからはアルミニウム，石灰石からはセメント，さらに原油からはプラスチックなどの工業材料が人工的に作り出されます。これらの工業材料は一般的に素材と呼ばれており，さらに幾つもの加工を経て，部材や部品，さらに最終製品へと作り上げられていきます。

　このような工業材料は素材の種類により一般的には**表1**のように金属材料，高分子材料（プラスチック）およびセラミックス材料に大きく分類されます。それぞれの特徴は以下のようになります。

表1　工業材料の種類

| 種類 | 構成物質 | 結合状態 |
|---|---|---|
| 金属材料 | 金属元素から成る無機物質 | 金属結合 |
| 高分子材料 | 主に炭素と水素から成る有機物質 | 共有結合 |
| セラミックス材料 | 金属元素と非金属元素（酸素や窒素など）との無機化合物 | 共有結合 |

### (1) 金属材料

金属材料は金属元素により構成されており，特定の原子と結合していない多数の電子（これは自由電子と呼ばれます）を介した金属結合から成っています。よく知られているように電気伝導性と熱伝導性に優れており，また光を透しません。一般的に引張強度や延性などの機械的性質に優れており，また加工性も良好な特徴があります。

### (2) 高分子材料

高分子材料は主として炭素と水素，およびその他の非金属元素が，お互いの原子の電子を共有する共有結合からなる有機化合物であり，非常に大きな分子構造を有しています。プラスチックやゴムはこの仲間です。一般に低密度であり，融点も低く，また柔軟性に富む特徴があります。

### (3) セラミックス材料

セラミックス材料は金属元素(鉄やアルミニウムなど)と非金属元素(酸素，窒素，炭素など）とが共有結合した無機化合物です。酸化物，窒化物，炭化物などの形をとり，セメントやガラスなどもセラミックス材料に含まれます。一般に，電気および熱の遮断性に優れており，高温や過酷環境に対しては金属や高分子材料よりも高い耐性を有しています。他方，硬くて，極めて脆い機械的性質を有しています。

#### 1.1.2 機能による材料の分類

素材による分類の他に，材料の持つ機能による分類があります。強度などの機械的性質を重視し，強度部材としての用途を対象とした構造用材料と，強度特性は二次的であるが導電性，絶縁性，耐熱性，断熱性，熱伝導性，磁性機能，半導体機能,生体機能などの特徴的な機能を有する機能性材料に分けられます。一般的に，構造用材料としては金属材料が用いられ，一方，高分子材料やセラミックス材料は機能性材料として用いられることが多いのです。

## 1.2 異種材料接合とは

以上のように，材料には多くの種類が存在します。これらの素材や機能の異なる多様な工業材料を接合することを異種材料接合と呼び，これと対照的に同

じ材料を接合する場合は同種材料接合と呼びます。金属材料／高分子材料／セラミックス材料の材料間の接合は，いわば広い意味での異種材料接合となります。

一方，例えば同じ金属材料でも，アルミニウムと鉄の組合せのように金属元素が異なるものとの接合や，さらに，例えば同じ鉄鋼材料でも，炭素鋼とステンレス鋼との組合せのように主要構成元素（この場合は鉄）は同じでも合金元素の種類や合金量が異なる材料の組合せも狭い意味での異種材料接合と呼ばれています。

なお本書では，後述する自動車軽量化などで，今注目されているものづくり設計思想であるマルチマテリアル化の観点から，主として構造用材料を対象とした異種材料接合について解説します。このため，異種材料接合の片方の材料は金属材料とし，その相手材料は金属材料，高分子材料，もしくはセラミックス材料を対象とした組合せになります。

## 1.3 異種材料接合はなぜ必要なのか

### 1.3.1 材料の機能や性能には限界がある

そもそも一つの材料が持つ機能には，その機能の種類や性能には限界があり，残念ながら万能な材料はありません。現在使用されている代表的な金属には，鉄，銅，アルミニウム，チタンおよびマグネシウムなどがあり，その物理的性質は**表2**のようになります。これらを素材として，その特長を生かして実用的

**表2 代表的な金属の物理的諸性質**

| 物性値 | 単位 | 温度範囲 | アルミニウム Al | マグネシウム Mg | 鉄 Fe | 銅 Cu |
|---|---|---|---|---|---|---|
| 密度 | $Mg/m^3$ | 20℃ | 2.70 | 1.74 | 7.87 | 8.93 |
| 融点 | ℃ | — | 660 | 651 | 1536 | 1083 |
| 沸点 | ℃ | — | 2056 | 1107 | 2735 | 2582 |
| 表面張力 | $mN/m$ | 融点 | 914 | 559 | 1872 | 1285 |
| 比熱 | $J/kg \cdot K$ | 20℃ | 900 | 1022 | 444 | 386 |
| 熱容量 | $J/m^3 \cdot K$ | 20℃ | 2430 | 1778 | 3494 | 3447 |
| 熱膨張率 | $10^{-6}/K$ | 20–100℃ | 23.9 | 26.1 | 12.2 | 17.0 |
| 熱伝導率 | $W/m \cdot K$ | 20℃ | 238 | 167 | 73.3 | 397 |
| 電気抵抗率 | $10^{-8} \Omega \cdot m$ | 20℃ | 2.67 | 4.2 | 10.1 | 1.96 |
| ヤング率 | $10^{11} Pa$ | 20℃ | 0.757 | 0.443 | 1.90 | 1.36 |

表3　代表的な実用金属材料の機能

| 材料機能 | 代表的な実用金属材料 |
|---|---|
| 軽量性 | 高張力鋼（ハイテン鋼），アルミニウム合金，マグネシウム合金 |
| 耐熱性 | ニッケル基合金，チタン合金，CrMo 鋼 |
| 耐低温性(じん性) | アルミニウム合金，ステンレス鋼，インバー合金 |
| 耐食性 | チタン，ステンレス鋼，銅合金，タンタル |
| 熱伝導性 | アルミニウム合金，銅 |
| 電気伝導性 | アルミニウム合金，銅 |

な金属材料が作られています。代表的な実用金属材料の機能を**表3**に示します。

例えば，鉄を素材とする鉄鋼材料は強度部材として優れており，また加工性も良好であり，かつ価格などのコストも低いのが特徴です。このため汎用性に優れた構造用材料として広く用いられています。しかし，耐食性や耐熱性はチタンに劣り，また熱・電気伝導性は銅やアルミニウムに劣ります。また密度はアルミニウムやマグネシウムよりも大きく，軽量性に劣ることになります。耐食性や耐熱性に優れた合金鋼や高強度の高張力鋼などが開発されていますが，その性能にも限界があり，さらに鋼材コストの上昇を招くことにもなります。

一方，鉄鋼材料以外のいわゆる非鉄（金属）材料は，鉄鋼材料と比較すると，ある特定の機能では，はるかに優れた機能特性を持っています。しかし，それ以外の性質は鉄鋼よりも劣ることが多く，また材料価格は鉄鋼よりも一般に高価です。このために，その用途は限定されており，その特徴を生かして限定的に使用されてきました。このように材料の用途には，材料機能とコストの両面からの大きな制約があり，ここに部材・部品や製品の要求性能を満足するための材料選定の難しさがあるのです。

### 1.3.2 異種材料接合の目的

異種材料接合の目的は，以上のような材料機能等の制約による材料選定上の困難性や材料技術的な壁を打ち破ろうとするものであり，大略以下のように分けることができます。

(a) 適材適所：材料機能ごとに適材適所で材料を使い分ける。
(b) 高機能化：必要な部位の高機能化を図り，部材の機能をさらに高める。
(c) 多機能化：例えば軽量化機能を新たに別途付与するなど，部材の多機能化を図る。

(d) 低コスト化：高性能な特性が不要な部位を低級材料に置き換えて部材の
    コスト削減を図る。

　実用的には，これらの幾つかの目的が複合的に関係することになります。

## 1.4　今，特に注目されるキーワード「マルチマテリアル化」とは

　よく知られているように，地球の温暖化防止のために炭酸ガスの排出規制が進められており，そのために化石燃料である石油消費の抑制が求められています。その一環として石油を大量に消費する自動車の燃料消費量の削減が求められており，燃費向上のために車体軽量化が必須となっています。

　車体の軽量化の方法として，強度の高い高張力鋼（ハイテン鋼）を用いて薄板構造にする，あるいは鉄よりも軽い軽量金属材料であるアルミニウム合金やマグネシウム合金を使用する，さらに，より軽量化が期待できる樹脂材料や炭素繊維強化複合材料（Carbon Fiber reinforced Plastic，略してCFRP）を利用するなどの方法が実用化の視野に入ってきています。このような異なる特性を有する構造用材料を，適材適所で組合せて，総合的に優れた特性を有する部材や製品を作り出す設計思想は「マルチマテリアル化」と呼ばれており，自動車の車体軽量化において特に注目されているキーワードとなっています。

　このマルチマテリアル化を実現するためには，鉄鋼材料と非鉄金属材料であるアルミニウム合金などとの異種金属接合が，まず求められます。しかし，その一方，後述するように鉄とアルミニウムの接合は技術的に困難であることがよく知られています。さらに最近では，金属材料同士のみならず，まったく材料構造が異なる金属と樹脂，あるいはCFRPとの接合までもが要求されてきています。すなわち文字どおりの異種材料接合技術が必要とされてきているのです。しかし，残念ながら現在広く使用されている汎用的な溶融溶接法では，このような技術要求に応えるのは困難であり，新たな異種材料接合技術の開発が求められています。

## 1.5　接合法にはどのような種類がありますか

　接合法には多くの種類があります[1]。現在，金属材料を対象にして実用化さ

れている接合法の分類と種類をまとめて**表4**に示します。接合原理により大分すると，溶融溶接法，ろう接法，固相接合法，機械的締結法，さらに接着法に分類されます。それぞれが加熱・溶融熱源の種類や加圧方法などにより，さらに細分されています。**図1**に代表的な接合法の概略図を示します。

**表4 主に金属材料を対象とした溶接・接合法の分類と種類**

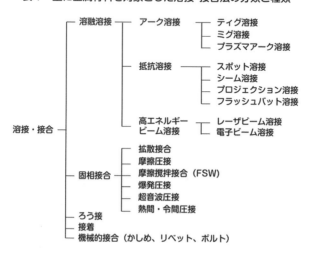

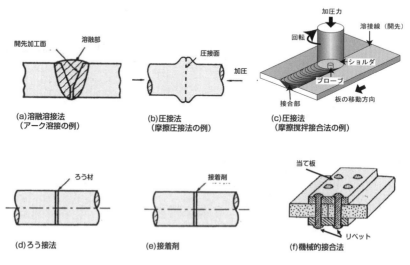

図1 溶接・接合法の継手概略図

溶融溶接法（単に溶接法とも呼ばれる）は，文字どおりに母材となる材料の接合部（開先部）を局所的に溶融し，また，必要に応じて溶接材料（溶接棒，溶接ワイヤ）を供給して，共に溶融して混合し，金属学的に一体化して接合する方法です。溶接熱源には，アーク（大気中放電プラズマ），電気抵抗発熱（ジュール発熱），高エネルギービーム（電子ビームおよびレーザビーム）などがあります。

　ろう接法は，母材よりも融点の低いろう材（溶加材）を接合部に供給し，ろう材のみを適当な加熱熱源で溶融して接合する方法です。溶接熱源以外にも，ガス炎や高周波加熱などが用いられます。

　固相接合法は，文字どおり材料を溶融することなく，固相状態で接合する方法です。高温で加熱して接合部の元素拡散現象を利用する拡散接合法や，同じく加熱により接合部を柔らかくし，同時に圧力を加えて接合部の塑性変形を利用して接合する圧接法などがあります。

　比較的新しく開発された摩擦撹拌接合法（Friction Stir Welding，略してFSW）も固相接合法の一種です[2]。FSWでは図1(c)に示すように，ツールと呼ばれる回転工具を用います。これは被接合母材よりも硬くて強度の高い材料からできており，丸棒の一端に母材板厚とほぼ同じ長さのプローブと呼ばれる突起部が付いた形状です。このツールを高速回転させて突合せ面（開先と呼ばれます）の表面に加圧して押し付け，摩擦発熱で加熱して母材を軟らかくし，塑性変形させることによりプローブを開先内に挿入します。その後，回転させながら移動させることにより，突合された2つの母材金属がツール（プローブ）の周囲を塑性流動し，撹拌混合されて金属材料的に一体化して接合されます。

　機械的締結法には，リベットやボルトなどの締結具を用いて母材を接合部で締結する方法や，また母材を強制的に変形させ，機械的にかしめて接合する方法などがあります。

　接着法は，樹脂成分からなる接着剤を用いて接合部を接合する方法であり，溶融した接着剤が母材表面にぬれて密着し，さらに母材表面の微小凹凸部に浸透して固まり，主にアンカー効果と呼ばれる機械的締結作用で固着して接合されます。

# 第2章
# 異種材料接合のニーズ

## 2.1 異種材料接合技術の動向
### 2.1.1 異種材料接合のニーズにはどのようなものがありますか

過去の異種材料溶接に関するアンケート調査結果（NEDO調査研究「異材溶接技術の基礎研究」(平成12～13年度)に関する報告記事等[3),4),5)]によれば，当時において，将来的に必要な異種材料接合継手の材料組合せは図2のようになっていました。

当然ですが，構造用材料の主力である金属／金属の組合せが最も多く，約55％を占めました。またそれ以外の材料組合せでは，金属／セラミックスが約25％，次いで金属／プラスチックスおよび金属／複合材がそれぞれ約7％で

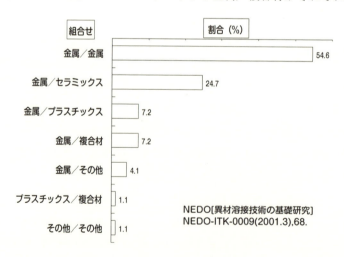

図2　将来的に必要と考えられる異種材料接合の材料組合せ（アンケート調査結果）[3),4),5)]

した。このように金属以外の材料との異種材料接合の組合せが高い割合を示したことは，その当時からすでにこれらの広い意味での異種材料接合が，将来のものづくり技術として必要であることが強く認識されていたことを示しています。

### 2.1.2 どのようなところに使われるのでしょうか

さらに，それぞれの材料組合せの内訳は**表5**のようになっており，金属／金属の組合せでは鉄鋼（ステンレス鋼を含む）と他の金属との組合せが約63%，次いでアルミニウム（Al）と他の金属との組合せが鉄鋼との組合せを含むと約46%となり，この2つの金属材料が異種材料接合の相手材として格段に多いことが分かります。

この中でも注目すべきは，鉄鋼／アルミニウムが約28%と最も多いことです。その用途は省エネルギー対策としての自動車等の輸送機器や各種製品の軽量化であり，また福祉器具の軽量化も高齢化対策として注目されていました。次いで，銅およびチタンが挙がっていますが，銅では良好な熱伝導特性を生かしたヒートシンク材や放熱材，電気伝導特性を生かした導電部材，また耐食部

**表5　将来的に必要と考えられる異種金属材料接合の組合せ**[3),4),5)]

| 金属の組合せ | | 割合（%） |
|---|---|---|
| 鉄鋼<br>（SUSを含む）<br>(62.60%) | 鉄鋼／アルミ | 27.9 |
| | 鉄鋼／鉄鋼 | 9.7 |
| | 鉄鋼／銅 | 6.7 |
| | 鉄鋼／チタン | 5.7 |
| | 鉄鋼／マグネシウム | 1 |
| | 鉄鋼／その他 | 11.6 |
| アルミニウム<br>(18.30%) | アルミ／銅 | 5.8 |
| | アルミ／マグネシウム | 2.9 |
| | アルミ／チタン | 1.9 |
| | アルミ／アルミ | 1.9 |
| | アルミ／その他 | 5.8 |
| 銅<br>(7.70%) | 銅／銅 | 1 |
| | 銅／その他 | 6.7 |
| チタン<br>(3.90%) | チタン／チタン | 1 |
| | チタン／その他 | 2.9 |
| その他<br>(7.50%) | その他／その他 | 7.7 |

NEDO[異材溶接技術の基礎研究]NEDO-ITK-0009(2001.3),68.

材等への用途があり、チタンでは優れた耐海水耐食特性を生かした造水プラントや海上構造物等への適用がありました。

## 2.1.3 異種材料接合法にはどのような方法が望まれているのでしょうか

さらに、将来的に望まれる異種材料接合法では、コストや継手自由度などから表6に示すように溶融溶接法が最も多く、ろう接を含めると約50％に達していました。また異種材料接合に適した新しい接合法として特に注目されたものに、摩擦攪拌接合（FSW）と高エネルギービーム溶接法（レーザ溶接、電子ビーム溶接）が挙げられました。前者は材料を溶融せずに融点以下の温度で接合する固相接合法であり、後者は溶融溶接法ですが、高指向性のエネルギービームにより、狙った箇所を局所的に溶融して溶融部の組成や組織を制御でき、かつ入熱量を抑えて熱影響を最小化できる特徴があります。

表6　将来の異種金属材料接合に必要と望まれる接合法[3),4),5)]

| 接合法 | | 割合 (%) |
|---|---|---|
| 溶融溶接 (41.3%) | アーク溶接 | 16.2 |
| | レーザ溶接 | 12.9 |
| | 抵抗溶接 | 6.8 |
| | 電子ビーム溶接 | 3.8 |
| | ガス溶接 | 0.8 |
| | 各種 | 0.8 |
| ろう接 (9.1%) | | 9.1 |
| 固相接合法 (28.6%) | 拡散接合 | 4.5 |
| | 超音波接合 | 4.5 |
| | 摩擦圧接 | 3.0 |
| | 常温圧接 | 3.0 |
| | 爆発圧接 | 2.3 |
| | 電磁圧接 | 1.5 |
| | 熱間圧接 | 1.5 |
| | ガス圧接 | 4.5 |
| | 各種 | 3.8 |
| 機械的接合 (6.1%) | ボルト | 1.5 |
| | かしめ | 0.8 |
| | リベット | 0.8 |
| | 各種 | 3.0 |
| 接着剤 (10.6%) | | 10.6 |
| その他 (4.3%) | | 4.3 |

NEDO[異材溶接技術の基礎研究]NEDO-ITK-0009(2001.3),68.

## 2.2　最近の異種材料接合技術の動向に変化はありますか

　平成24年度にNEDOにより実施された異種材料接合に関する調査結果においても，全体としては前回の平成12年度と同様の傾向が現れていました。特に必要性が高い異種材料の組合せとしては，鉄鋼／樹脂・CFRP，アルミニウム／樹脂・CFRPおよび鉄鋼／アルミニウムの3種類の組合せが他の組合せに比して格段に高い注目度を示しました。特に金属／樹脂・CFRPのニーズが飛躍的に高まっていたことは注目に値します。

　さらに，異種材料接合に関する十数年前のNEDO調査結果と現状の技術開発状況を比較してみると，当時は実現困難であったが将来には必要とされた異種材料接合技術として挙げられたもののうち，幾つかは十数年を経た現在に至り，ようやく実用化段階に到達したと言えるものが出て来ています。

　例えば，鉄鋼とアルミニウム合金の異種材料接合では，固相接合法であるFSWを用いた自動車部品への実用化が報告[6]されたところであり，また鉄鋼とチタンとの異種材料接合では羽田沖海上滑走路支柱へのチタンライニング[7]や東京湾横断道路橋脚へのチタンクラッド鋼[8]の適用例などがあります。

　さらに金属（特に，アルミニウム合金）と樹脂，あるいは複合材料であるCFRPとの直接接合は，自動車関係を中心に最近特に注目されており，射出成型法，およびレーザビームエネルギーやFSW等の摩擦エネルギーを加熱源とする融着法（熱圧着法）が，新しい直接異種材料接合法として提案されています[9],[10]。前者は小物サイズの部材・部品に，また後者は連続接合方法として大型部材や部品等への適用が考えられています。

## 2.3　異種材料接合の実用化の現状はどの程度ですか

　異種材料接合の材料組合せにおける実用化の程度を俯瞰的に分類すると，**表7**のようになると思われます。すなわち，既に技術的に確立されて多くの構造物に実用化されているものを第1世代とすると，金属／金属の組合せの中でも同種金属を基とした合金同士の組合せがこれに該当します。例えば，炭素鋼や合金鋼などの鉄鋼材料間や，異なる種類のアルミニウム合金間の組合せなどで

**表7　異種材料接合における各種材料組合せにおける実用化度の俯瞰的分類**

・第1世代：同種金属基（合金）：実用化

　　　　　鉄鋼材料同士など　➡　未解決課題の解決 さらなる適用拡大

・第2世代：異種金属（合金）：困難（一部実用化）

　　　　　鉄／非鉄（Al, Mg, Ti, Cu等），非鉄／非鉄 等

・第3世代：異種材料：困難（一部実用化）

　　　　　金属／樹脂／セラミックス

斬新なアイデア、先進的・革新的な研究開発が必要

す。

　一方，金属／金属であっても，異種金属間の組合せには，後述するように接合が難しいものが多く，これらは第2世代に分類されます。鉄／アルミニウムや鉄／チタンなどがこれに該当しますが，既に述べたように一部で実用化に耐えうる接合技術の開発が進んできています。これに対して，金属／樹脂（高分子材料）間の接合のように材料構造・原子構造そのものが異なっている材料間の異種材料接合は第3世代となり，新しい発想からの異種材料接合の考え方が求められます。例えば金属／CFRPとの接合などがこれに該当し，その接合技術の開発が期待されています。

　**表8**は，もう少し具体的に，各種異種材料接合の組合せに対する接合プロセスの適用の可能性を，材料間の接合原理の観点から取りまとめたものです。すなわち，第1世代の組合せとなる同種金属を基とした異なる合金の組合せ(同種金属基）は，表示したすべての接合法で接合が可能です。

　第2世代の異種金属の組合せでは，金属間化合物を形成しやすい組合せでは，一般に溶融溶接法や固相接合法の適用が難しくなりますが，工夫をすることにより，例えばFSW法のように適用の可能性が高くなります。

　第3世代の金属／樹脂・CFRPでは，金属／金属の組合せで適用される溶融溶接法，ろう接法および固相接合法は基本的には困難であり，接着法や機械的

## 2.3 異種材料接合の実用化の現状はどの程度ですか

表8 各種異種材料接合の組合せへの各種接合プロセスの適用性

| 接合プロセス | | 異種材料の組み合わせ | | | |
|---|---|---|---|---|---|
| | | 同種金属基 | 異種金属基 | 金属／樹脂金属／CFRP | 金属／セラミック |
| 溶融溶接 | アーク溶接 | ◎ | △ | × | × |
| | 電子ビーム溶接 | ◎ | ○ | × | × |
| | レーザ溶接 | ◎ | ○ | ◎* | × |
| ろう接 | ろう付 | ◎ | ◎ | × | ◎ |
| 固相接合 | 拡散接合 | ◎ | ○ | × | × |
| | 圧接 | ◎ | ○ | △ | × |
| | FSW | ◎ | ○ | ◎* | × |
| 接着 | 接着 | ◎ | ◎ | ◎ | ◎ |
| 機械的締結 | リベット, ボルト, かしめ | ◎ | ◎ | ◎ | △ |

異材接合の可能性：◎高い，○材料に大きく依存，△低い，×不可，*特別な手法

締結法が適用されます．しかし，後述するようにレーザ溶接法やFSW法を応用した特殊な接合手法により適用が可能になってきています．同じ第3世代の金属／セラミックスの組合せでは，適用可能な接合法はろう接法と接着法にほぼ限定されます．

いずれにしても，1.5で述べたようにそれぞれの接合法には適用可能な継手形状などの制約があり，異種材料接合の実用化のためには解決すべき課題が多いのが現実です．

# 第3章
# 金属材料同士の異種材料接合

## 3.1 金属材料同士の異種材料接合は難しいのですか

　同じ材料構造を有する金属材料同士であれば，異種材料接合は容易なように思われますが，実際には接合が困難な組合せが多いのです。例えばアンケート調査で最もニーズの多い金属材料同士の組合せであるアルミニウムと鉄は，接合がむしろ不可能なほど困難と考えられてきたものです。その理由は，2つの種類の異なる金属元素が一定の比率で結合して形成される金属間化合物と呼ばれる金属材料に特有の化合物の形成にあります。この化合物は，概して硬く，かつ延性がほとんど無い，極めて脆い性質を有しています。接合部にこのような金属間化合物ができると，接合部に割れが発生したり，継手ができてもほとんど継手強度を示すことなく，実用的には使用できないものになります。

　異種材料接合の可能性を決定するこの金属間化合物の形成は，基本的には接合相手の2つの金属からなる2元系平衡状態図[1]から判断することができます。代表的な状態図を**図3**に示します。

　(a) 銅-ニッケル（Cu-Ni）系のように両金属がすべての組成で混ざり合って固溶体を形成する全率固溶体型の組合せ，あるいは (b) の銅-鉄（Cu-Fe）系のように，逆にまったく混ざり合わない2相分離型の組合せでは，金属間化合物を形成せず，したがって異種材料接合は比較的容易になります。

　一方，(c) アルミニウム-マグネシウム（Al-Mg）系や (d) のアルミニウム-鉄（Al-Fe）系のように，ある特定の組成範囲（図中のハッチング部分）において硬くてもろい金属間化合物を形成する組合せは異種材料接合が困難になります。アルミニウム-鉄系では4種類の金属間化合物が形成されるため

3.1 金属材料同士の異種材料接合は難しいのですか

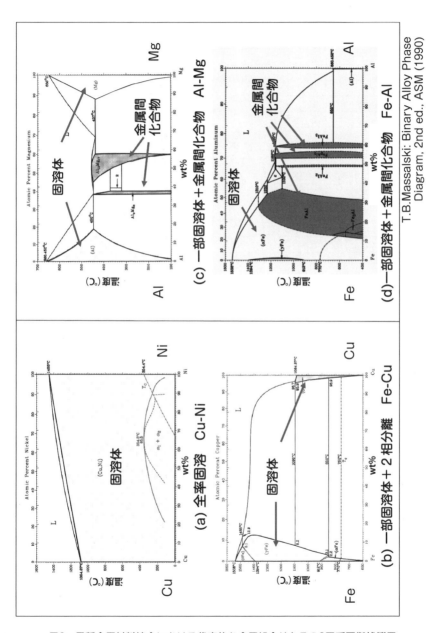

図3 異種金属材料接合における代表的な金属組合せとその2元系平衡状態図

表9 2元系平衡状態図に基づく異種材料接合の可能性評価(レーザ溶接を対象)[12]

| | Ag | Al | Au | Co | Cu | Fe | Mg | Mo | Nb | Ni | Pt | Sn | Ta | Ti | W |
|---|---|---|---|---|---|---|---|---|---|---|---|---|---|---|---|
| Al | 2 | | | | | | | | | | | | | | |
| Au | 1 | 5 | | | | | | | | | | | | | |
| Co | 3 | 5 | 2 | | | | | | | | | | | | |
| Cu | 2 | 2 | 1 | 2 | | | | | | | | | | | |
| Fe | 3 | 5 | 2 | 2 | 2 | | | | | | | | | | |
| Mg | 5 | 2 | 5 | 5 | 5 | 3 | | | | | | | | | |
| Mo | 3 | 5 | 5 | 3 | 2 | 3 | 5 | | | | | | | | |
| Nb | 4 | 5 | 4 | 5 | 2 | 5 | 4 | 1 | | | | | | | |
| Ni | 5 | 5 | 1 | 1 | 1 | 2 | 5 | 5 | 5 | | | | | | |
| Pt | 2 | 5 | 1 | 1 | 1 | 1 | 5 | 2 | 5 | 1 | | | | | |
| Sn | 2 | 2 | 5 | 5 | 2 | 5 | 5 | 3 | 5 | 5 | 5 | | | | |
| Ta | 5 | 5 | 4 | 5 | 3 | 5 | 4 | 1 | 1 | 5 | 5 | 5 | | | |
| Ti | 2 | 5 | 5 | 5 | 5 | 5 | 3 | 1 | 5 | 5 | 5 | 5 | 1 | | |
| W | 3 | 5 | 4 | 5 | 3 | 5 | 3 | 1 | 1 | 5 | 1 | 3 | 1 | 2 | |
| Zr | 5 | 5 | 5 | 5 | 5 | 3 | 5 | 1 | 5 | 5 | 5 | 5 | 2 | 1 | 5 |

平衡状態図的にはAl/FeやTi/Feの溶接は極めて困難

1: 溶接可能(固溶体形成) 2: ほぼ溶接可能(複雑な組織形成) 3: 溶接には注意が必要(溶接に関するデータが不十分) 4: 溶接には極めて注意が必要(信頼できるデータ無し), 5: 溶接不可能(金属間化合物形成)
*)Welding handbook, Vol.2, 8th edition, America Welding Society, (1991) を参照

に,特に困難な組合せになります。状態図におけるこのような判断例は表としてまとめられており,例えばレーザ溶接を対象にして異種材料接合の難易度が表9[12]のように示されています。

なお,2.1.3で述べたように同じ溶融溶接法でもアーク溶接では,溶接部の組成制御が難しいために異種材料接合はレーザ溶接法よりも難しくなります。例えば,表中ではアルミニウム-マグネシウムの組合せは,異種材料接合ではほぼ可能〔2〕とされていますが,アーク溶接では極めて困難な組合せです。

## 3.2 成形加工法の異なる金属材料の接合は可能ですか

金属材料は素材からスタートして,各種の加工法で材料が作られます。アルミニウム合金を例に取ると,例えば,表10に示すように,圧延材,押出材,鍛造材,鋳造材,ダイカスト材,粉末焼結材などがあります。

これらはそれぞれの機械的性質以外にも,成形性の違いなどの特徴を生かして多くの分野で使用されています。圧延材や押出材は一般的な溶融溶接法が適

表10 成形加工プロセスの異なる部材(アルミニウム合金の例)の接合性

| 部材 | 溶融溶接性 |
|---|---|
| 圧延材 | ◎ |
| 押出材 | ◎ |
| 鍛造材 | ◎ |
| 鋳造材 | ○ |
| 高圧鋳造(ダイカスト)材 | △ |
| 粉末焼結材 | × |
| 複合材 | × |
| 発泡・ポーラス材 | × |
| その他：非晶質材，強塑性加工材 | × |

◎容易，○可能であるが要注意，△困難，×不可

用できますが，鋳造材，ダイカスト材および粉末焼結材などでは，気孔の発生などのためにアーク溶接などの一般的な溶融溶接法は適用できないものが多く，接合法の選択には特別の注意が必要とされます。このため，このような加工法の異なる材料間の異種材料接合にはFSWなどの固相接合法が有効です。これらの詳細は3.4.4で述べます。

## 3.3　第1世代：同種金属をベースとした合金間の異種材料接合の現状

　同種金属同士の異種材料接合は，鉄鋼材料同士の異種材料接合に代表されるように基本的には一般的な溶融溶接法（アーク溶接法）を用いて実用化されています。

　炭素鋼，合金鋼およびステンレス鋼等の異なる鋼種間の溶接では，それぞれの組合せで発生しやすい特有の溶接欠陥が明らかにされており，その防止対策に留意する必要があります[13]。それぞれの組合せごとの溶接施工法はほぼ確立されているので，その溶接指示書に従った溶接施工を実施することが良好な溶接継手を得る上で重要です。もちろん新たな高効率・高能率・高品質接合法や溶接材料の開発は継続した開発課題として，研究開発が進められています。

## 3.4　第2世代：異なる金属間の異種材料接合の現状

### 3.4.1　なぜ難しいのか，どうすれば可能になるのか

　異種材料接合が困難な第2世代の金属／金属の組合せにおいて，異種材料接

# 第3章 金属材料同士の異種材料接合

合が困難とされる組合せ（表9）であっても，それはあくまで"困難"なのであって"不可能"ではありません。接合部に金属間化合物層が形成しても，その厚さが十分に薄ければ異種材料接合が可能であることが知られています。

例えば自動車の車体軽量化のために鉄鋼材料とアルミニウム合金の接合が求められていますが，脆弱なアルミニウム－鉄（Al-Fe）系金属間化合物が形成されるために溶融溶接による直接接合は困難です（図3(d)）。

しかし，例えば図4に示すように接合温度が，より低温の拡散接合法（固相接合の一種）を用いて，金属間化合物層の厚さを1μm（ミクロンメートル）以内（サブミクロン）となるように接合条件を選定すれば，継手引張試験において破断位置がアルミニウム合金の母材破断（厳密的には熱影響部破断）となる良好な異種材料接合継手が得られます[14]。この様な金属間化合物層の厚さを薄くすることによる継手強度の改善機構の学術的な解明は，まだ不十分ですが，金属間化合物層内の内部欠陥の減少や残留応力の減少などが考えられています。このように原理的に異種材料接合が困難な組合せであっても，接合プロセスの観点からの技術開発により，異種材料接合を可能とできるのです。

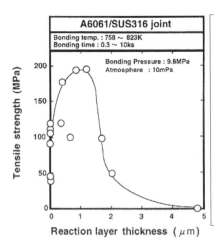

図4　アルミニウム合金／鉄の異種材料接合継手強度に及ぼす接合界面の金属間化合物層厚さの影響(拡散接合の例)[14]

## 3.4.2 鉄鋼材料とアルミニウム合金との組合せ

第2世代の代表的な異種材料接合の組合せ例として,鉄鋼材料とアルミニウム合金の組合せを例に取り,これまでに報告された検討結果に基づき,接合プロセスとその可能性をまとめると表11のようになります。

表11 アルミニウム／鉄の異種材料接合において良好な継手が得られる可能性が高い接合法とその接合界面組織

| 接合プロセス | | 接合界面構造 |
| --- | --- | --- |
| 高温反応 | 溶融溶接<br>抵抗溶接<br>ろう付<br>拡散接合 | ・高温反応のため金属間化合物層形成<br>・金属間化合物層の厚さが支配因子<br>・1μm以下で良好な継手強度 |
| 低温反応<br>(金属塑性流動現象の活用) | 圧接<br>(摩擦圧接<br>超音波<br>爆接)<br>FSW | ・金属間化合物層がSEM程度の観察倍率では認められない<br>・界面にアモルファス層形成<br>　(数nm〜数十nm厚さ,酸化物層)<br>・金属間化合物との複合層 |

例えば,接合プロセスは,溶融現象や金属原子の拡散現象を利用する高温反応型と,材料の塑性流動現象などを利用する低温反応型に大きく分けられます。高温反応型プロセスには溶融溶接,ろう接,拡散接合などが該当します。接合部は溶融状態や固相状態であっても元素拡散に十分な高温にさらされるために,状態図に従った組織が接合部に形成されます。

したがって,鉄鋼材料とアルミニウム合金の組合せでは接合界面には必然的にAl-Fe系金属間化合物層が形成されるために,その厚さが継手強度の支配因子となります。すなわち,このような場合には,金属間化合物層の形成そのものを抑制することは難しいのですが,既に述べたようにその厚さを約1μm以下に制御することにより,良好な継手が得られる可能性が高くなります。

一方,低温反応型プロセスは,材料の溶融を伴わずに塑性流動現象を利用する固相接合法であり,加熱温度が低い為に元素拡散が十分に行われないが,アルミニウム合金を軟化し,圧力を加えて塑性流動させ,鉄との接合界面に押し付けることで接合する方法です。各種の圧接法やFSW法により,このような

接合が可能になります。接合界面には金属間化合物層に代わって、酸化物を主体としたナノメートル（nm）レベルの層厚さの非晶質相が形成される場合が見られます。これが結晶構造の異なる鉄とアルミニウムを接合する、いわば"のり"の役目を果たしていると考えられ、良好な継手が得られています。以下にアルミニウム合金と鉄鋼材料との組合せに関する幾つかの代表的な接合例を紹介します。

(1) 高温反応型接合プロセスの適用例
(i) 溶融溶接法

代表的な溶融溶接法であるアーク溶接では、アルミニウム合金と鉄鋼材料とが溶融して混合する割合を制御することが困難です。このため、溶融部に多量の金属間化合物が形成されるために、その適用が困難となります。

これに対して、エネルギー密度が高く、かつエネルギー指向性の良い電子ビーム溶接やレーザ溶接を用いて、図5に示すように鉄鋼、もしくはアルミニウム合金を選択的に溶融して溶接する方法が検討されています。この基本的な考え方は、両者の溶融混合をできるだけ防ぐことにより、溶融部での金属間化合物の形成を抑制し、かつ早い冷却速度により加熱時間を短縮して接合界面での

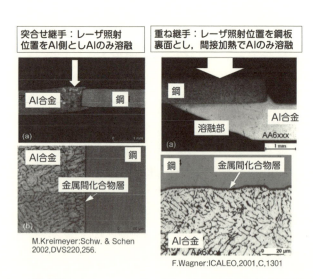

図5 レーザ溶接法によるアルミニウム合金／鉄の異種材料接合継手断面組織例

金属間化合物層の成長を抑制することであり，これにより良好な異種材料溶接継手が得られています[15),16)]。

(ii) ブレーズ溶接法

ろう接の一種であるが溶融溶接との中間的な溶接プロセスであるブレーズ溶接も有望な結果が報告されています[17)]。これは溶融溶接と同じ加熱熱源を用いて，基本的には融点の高い鉄鋼材料を溶かさずに，融点の低いアルミニウム合金母材とろう材である溶加材のみを溶融して接合する方法です。

例えば，ミグアーク溶接による Al-Si フラックスコアードワイヤ（溶融したアルミニウム合金と鉄鋼との濡れ性を改善する効果のあるフラックスを包含したもの）を用いたミグブレーズ溶接では，アルミニウム合金母材は溶融するが鉄鋼材料母材はほとんど溶融しない溶接条件を選択すると，図6[18)]に示すように鉄鋼母材と溶接金属との接合界面において金属間化合物層の成長を抑制することができ，溶接割れの無い良好な継手が得られています。またこのとき，金属間化合物層の厚さが1～3μm以内であればアルミニウム合金母材破断

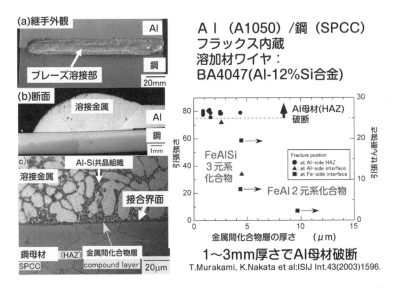

図6　ミグブレーズ溶接法によるアルミニウム合金／鉄の異種材料接合継手断面組織とその継手強度に及ぼす接合界面の金属間化合物層厚さの影響[18)]

となる良好な継手強度が得られました[18]。さらに，金属間化合物の種類がFe-Al-Si 3元系化合物の場合にはFe-Al 2元系化合物と比べて，層成長が抑制される傾向にあることが明らかにされています[18]。

その後，このような結果を受けて，ろう材として，アルミニウム合金および鉄鋼の母材との濡れ性が良好であり，かつ化合物も形成しにくい亜鉛（Zn）に注目し，シリコン（Si）を添加したZn-Si合金ろう材ワイヤが開発され，さらに接合プロセスとしてアーク溶接よりも入熱量が格段に少なく，かつ制御性に優れたレーザビームを用いるレーザブレーズ溶接を適用することにより，金属間化合物層厚さを数十nm厚さに抑制することが可能となってきています。そして，接合継手の厳しい評価法であるピール破断試験においてもアルミニウム合金母材の熱影響部で破断する良好なアルミニウム合金／鉄鋼材料の異種材料継手が得られています[19]。

**(2) 低温反応型接合プロセスの適用例**

一方，塑性流動現象を利用する低温反応型プロセスとして，従来から固相接合法である摩擦圧接や爆発圧接（一部溶融を伴う）が実用化されてきました。しかし，これらの接合法では継手形状や接合条件の制約が大きいために，その用途は限定されていました。図7は摩擦圧接による丸棒同士の突合せ継手の

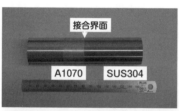

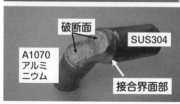

図7　摩擦圧接によるステンレス鋼／アルミニウム異種材料接合継手と
　　　その曲げ試験後の継手外観

例であり，工業用純アルミニウム A1070 とステンレス鋼 SUS304 との異種材料接合継手とその曲げ試験後の外観写真を示します。繰り返し曲げ試験による継手破断は接合界面ではなく，接合界面に隣接したアルミニウム母材部であり，良好な接合継手特性を示しています。

これに対して同じ固相接合でも FSW を用いる方法[20)][21)] は，図8 に示すようにツール（プローブ）をアルミニウム合金側に挿入して回転ツールの接触により鉄鋼界面を清浄化し，アルミニウム合金のみを塑性流動させて，そこに押しつける方法です。ツールの回転方向等の接合条件の最適化により接合界面にはほとんど金属間化合物が形成せず，代わってごく薄い非晶質層が形成して良好な接合強度が得られ，かつ連続した突合せ接合継手を得ることができます。同様の手法で重ね継手も得られています[22)]。

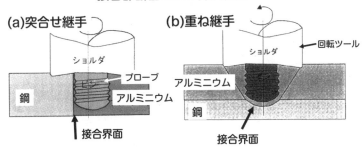

図8　摩擦撹拌接合法によるアルミニウム／鉄の異種材料接合法の提案例

また，図9 は FSW を応用したスポット接合法であり，接合界面にはアルミニウム合金の合金成分であるマグネシウム（Mg）を主体とした Mg-Si-O 系非晶質層が 2〜4 ナノメートル（nm）の厚さで形成されていました[23)]。

このように FSW を異種材料接合に応用するアイデアは既に約十年前から提案されてきたものですが，ようやく最近になって，鉄鋼とアルミニウム合金の

## 第3章 金属材料同士の異種材料接合

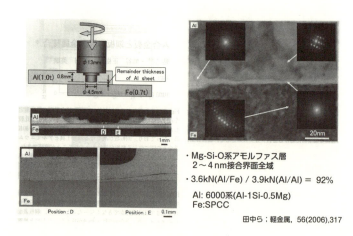

図9 摩擦撹拌点接合法によるアルミニウム／鉄の異種材料接合継手例とその接合界面組織[23]

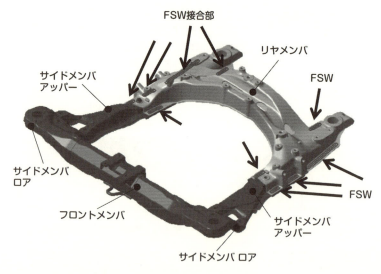

図10 ハイブリッドサブフレームの構成：フロントメンバとサイドメンバは亜鉛めっき鋼板，リヤメンバはアルミニウムダイカスト合金；サイドメンバとリヤメンバがFSWによる重ね継手（図中矢印部分）で直接接合された　　（（株）本田技術研究所提供）

FSWによる直接接合が図10に示すように車体サブフレームに適用され，自動車製造技術としての実用化技術に入ってきたことが報告されています[6),24),25)]。

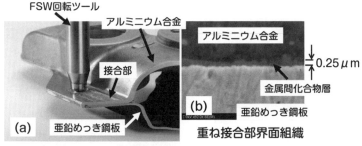

図11 (a)FSWツールと鋼板／アルミニウム合金の重ね接合継手と(b)その接合部断面における微細接合界面組織　((株)本田技術研究所提供)

図11(a)はそのFSWによる接合状態と継手配置を示しており，また(b)はアルミニウム合金ダイガスト材と亜鉛めっき鋼材の重ね接合界面のミクロ組織を示します。金属間化合物層の厚さは約 $0.25\mu m$ とごく薄い状態に制御されています。

### 3.4.3　鉄鋼材料とチタンおよび銅との組合せ

既に述べたように鉄鋼材料は汎用強度部材として広く使用されているが，強度以外の機能では，部材や部品の要求特性を必ずしも満足しない場合があります。例えば耐食性や摺動性などがそれに当たります。

このような場合には，耐食性や摺動性が要求される部位に耐食性に優れたチタンや摺動性に優れた銅合金などを異種材料接合により局所・選択的に張り付けることにより，高機能な製品を作り出すことが期待されています。

#### (1) チタン／鉄鋼

鉄鋼／チタンの異種材料接合の組合せにおいては，既に表9で述べたように溶融溶接では接合界面に容易に鉄－チタン金属間化合物が形成されるために直接接合は難しくなります。一方，実用化されている例としてチタンクラッド鋼があります。これは，重ね合わせたチタンと鉄鋼を固相接合法の要領で熱間圧延により接合していますが，熱間圧延時にチタンと鉄鋼の間に薄い銅（Cu）材を挟み，鉄と銅が金属間化合物を形成しないことを利用して，チタンと鉄鋼が直接接触することを防ぐ方法を用いています。

第3章　金属材料同士の異種材料接合

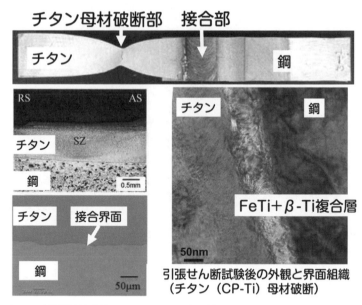

図12　摩擦撹拌接合法によるチタン(工業用純チタンCP-Ti)／鉄(軟鋼SPCC)の重ね異種材料接合継手例とその接合界面組織[26],[27]

　なお，この場合でもチタンと鋼は金属間化合物を形成しますが，圧延条件等を適正化してその金属間化合物層の厚さを1μm程度の薄さに抑制することにより，十分な接合強度を得ています[8]。

　また，既に述べたように，固相接合法であるFSWは各種の異種金属材料接合の組合せへの適用の可能性を有しており，鉄とチタンの重ね接合においても図12に示すようにチタン母材破断となる良好な重ね継手が得られています[26],[27]。この場合のポイントは，接合界面における鉄とチタンの混合状態を精密に制御し，かつ接合部の温度上昇を制限して，金属間化合物層の厚さをわずか数百nm（ナノメートル）に抑制したことであり，鉄／アルミニウムの異種材料接合の場合と同様の接合原理になります。

(2) 銅／鉄鋼

　銅は鉄と金属間化合物を形成しないので，溶融溶接でも異種材料接合は可能です。例えば，純銅は熱伝導性に優れた放熱部材として鉄鋼材料と接合して使

用されます。また銅合金には摺動性に優れた合金があり，摺動部材として使用されています。

　しかし，銅は鉄よりも値段が高く，また重い（密度が大きい）ために，製品コストの低減や軽量化の観点から，鉄鋼材料製部材の必要な部分にのみ銅合金を接合して使用することが求められています。しかし，摺動性に優れた銅合金は合金元素として大量の亜鉛を含むために，その亜鉛の蒸発により溶融溶接法の適用は困難でした。このために固相接合であるFSWの適用が検討されており，その結果，**図13**[28)]のように重ね継手の形成が技術的に可能となってきています。これは，継手断面組織を示しており，接合界面には金属間化合物は形成されておらず，それに代わって厚さが約500nmの相互拡散層（組成が連続的に変化している固溶体）が形成されています。これにより両者が強固に接合されていることが分かります。

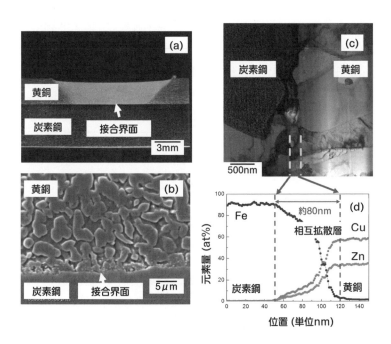

図13　摩擦撹拌接合法による黄銅（64黄銅）／鉄（軟鋼SPCC）の重ね異種材料接合継手例とその接合界面組織[28)]

### 3.4.4 非鉄金属同士の注目される組合せ

軽量金属材料同士ではアルミニウム／マグネシウム／チタンの3つの材料間での異種材料接合の組合せが考えられます。

またこれ以外にも，軽量性とさらに導電性や熱伝導性の観点からは銅／アルミニウムの組合せがあり，軽量性と耐熱性の観点からはニッケル／チタンの組合せがあります。残念ながら，これらの異種材料接合の組合せは，一部を除いてはいずれも金属間化合物を形成する組合せであり，異種材料接合は容易ではありません。

#### (1) アルミニウム／マグネシウム

アルミニウム／マグネシウムの組合せは，既に軽量化材料として実績のあるアルミニウムに対して，その一部をより軽いマグネシウムに置き換えて，より一層の軽量化を図ろうとするものです。リニアモーターカーなどの高速鉄道車両への適用が考えられています。しかし，この組合せは状態図（図3(c)）から分かるように両金属の共晶反応による融点降下現象と金属間化合物の形成のために溶融溶接では接合が困難な組合せです。

一方，固相接合のFSWにより割れのない接合は可能です。**図14**はFSWによる継手の接合界面の微細組織であり，接合界面には状態図（図3(c)）どおりに2種類の金属間化合物相が層状に形成されています。入熱量が少ない

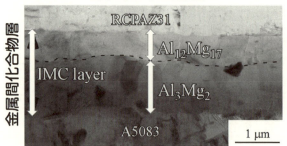

図14　FSWによるアルミニウム合金A5083とマグネシウム合金
AZ31の異種材料接合部の界面に形成された金属間化合物層[29]

ことによりその厚さは比較的薄くなっていますが、現状では継手効率はまだ40％程度と低い値です[29]。なお、異種材料継手の継手効率は、どちらか低い方の母材強度に対する継手強度の比率で表されます。

(2) アルミニウム／チタン

アルミニウム／チタンの組合せは、アルミニウム／鉄の組合せと同様の特性を有しており、両者が混合されないように接合することで、レーザ溶接やFSWでの接合が可能です。継手強度は金属間化合物層厚さに依存しますが、継手効率は60〜70％と比較的高い値が得られています[30),31),32]。最近になって、ティグ溶接でも溶接法の改善によって、図15に示すように良好な突合せ継手が得られています。

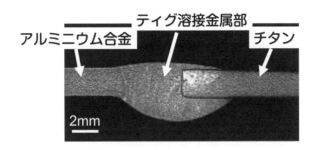

図15 アルミニウム合金と工業用純チタンのティグ溶接による突合せ継手の断面マクロ組織（赤星工業株式会社提供）

(3) マグネシウム／チタン

マグネシウム／チタンの組合せでは、両者は二相分離型の状態図（図3(b)参照）を示し、かつ固溶体もほとんど形成されません。このため純金属同士では反応し難い為に、両者の異種材料接合はかえって難しくなります。このような場合には、チタンと反応しやすいアルミニウムを合金元素として含むマグネシウム合金を用いると、チタンとの異種材料接合が可能になります。

例えば、アルミニウムを約3％含むマグネシウム合金AZ31と工業用純チタンのFSWによる突合せ継手では、図16に示すように接合界面において、アルミニウムの拡散によりチタン固溶体が形成されることにより、接合継手が形成され、接合条件の適正化により約70％と比較的高い継手効率が得られてい

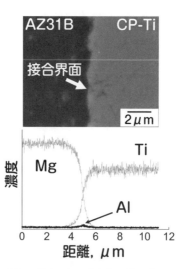

図16　FSWによるマグネシウム合金と工業用純チタンの接合界面の
ミクロ組織と合金元素分布[33]

ます[33]。しかし，アルミニウム量が多いマグネシウム合金（AZ61やAZ91D）では，接合界面に金属間化合物層が形成されるために，継手効率は低下する傾向を示します。

(4) 銅／アルミニウム

銅／アルミニウムの組合せは，熱伝導性には優れているものの密度の大きな銅部材の一部を，密度の小さなアルミニウム部材で置き換えることにより，部材としての軽量化も同時に図る目的などで検討されています。しかし，両金属の共晶反応による融点降下現象と金属間化合物の形成により，現状では接合は難しいようです。

しかし以前では不可能とまで思われたアルミニウム／鉄の組合せの異種材料接合が実用化されたことを考えると，これらの非鉄金属材料の間における異種材料接合の組合せにおいても，近い将来には技術的な解決がなされるものと期待されます。

### 3.4.5　成形加工法の異なる金属材料の接合例

3.3で述べたように，例えば素材としてアルミニウムを例に取ると，圧延材，

押出材,鍛造材,鋳造材,ダイカスト材,粉末焼結材,複合材などがあります。

表10で示したように圧延材,押出材および鍛造材はアーク溶接などの溶融溶接法が適用できますが,鋳造材,ダイカスト材,粉末焼結材および複合材では,気孔(ブローホール)の発生などにより溶融溶接法の適用は困難です。

このような場合には固相接合法であるFSWが有効であり,例えば図17に示すように圧延材／ダイカスト材,および圧延材／複合材(アルミナ粒子分散アルミニウム合金)の組合せにおいても気孔や割れなどの欠陥の無い,また複合材ではアルミナ粒子が均一に分散した良好な異種材料接合継手が得られます。このように各種の接合法の特徴を生かして成形加工法の異なる材料の異種材料接合の開発が進められています。

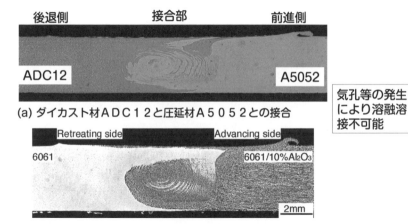

(a) ダイカスト材ADC12と圧延材A5052との接合

(b) 複合材10%$Al_2O_3$6061MMCと圧延材A6061合金との接合

図17　摩擦撹拌接合法による成形加工法の異なるアルミニウム合金の異種材料接合継手例
　　　(中田)

++++++++++++++++++++++++++++++++++++

# 第4章
# 金属／樹脂・CFRPの異種材料接合

++++++++++++++++++++++++++++++++++++

## 4.1　金属／樹脂，あるいは金属／CFRPの異種材料接合は可能ですか
### 4.1.1　これまでに実用化された接合方法

　あらかじめ板やシート状に加工された樹脂・CFRP材料と金属材料との異種材料接合法として，これまでに接着剤を用いる接着法，リベットなどの機械的締結法，金属材料を加熱して樹脂を溶融して接合する熱圧着（融着）法などが用いられています。また上記の条件範囲からはずれますが，インサート成形法があります。これらの接合法の特徴をまとめると**表12**のようになります。

　接着法では接合強度が得られるまでに一定の時間（接着剤の硬化時間）が必

表12　実用化されている金属／樹脂異種材料接合法の特徴

| 接合法 | 接合手法 | 特長 | 欠点 |
|---|---|---|---|
| 接着法 | 接着剤 | ・継手形状，寸法の自由度大<br>・熱可塑性および熱硬化性樹脂に適用可 | ・消耗品（接着剤）必要<br>・溶媒溶液の安全性<br>・接着剤固化時間の確保 |
| 機械的締結法 | ・リベット<br>・ボルト<br>・かしめ | ・継手形状，寸法の自由度大<br>・熱可塑性および熱硬化性樹脂に適用可 | ・リベット，ボルトでは消耗品必要<br>・但し，かしめでは不要 |
| 熱圧着法 | ・高周波加熱<br>・抵抗加熱<br>・レーザ加熱 | ・継手形状，寸法の自由度大<br>・熱可塑性樹脂に適用<br>・消耗品不要 | ・熱硬化性樹脂への適用不可 |
| インサート成形法 | 金型を用いる溶融樹脂の射出成形 | ・小物部品の大量生産可能<br>・熱可塑性および熱硬化性樹脂に適用可 | ・部品形状，寸法に大きな制約有り |

要なことと，有機溶媒の周辺環境への影響，さらに接着剤の経年劣化等の対策が必要です。また，機械的締結においても工程の効率化やリベット材等のコストが指摘されています。熱圧着（熱融着）法には，高周波加熱などにより金属材料を加熱して樹脂を局部的に溶融して接合する方法や，樹脂が透明な場合には樹脂を透過してレーザビームを照射し，金属との接合界面で金属を加熱してその熱で樹脂を局所的に溶融して接合する方法などがあります。これらの熱圧着法ではいずれの方法でも接合可能な樹脂の性質は限定されます。

　また，適用製品は異なりますが，最近特に注目されている方法にインサート成形法があります。これは溶融した樹脂を金型内に高圧で注入して成型する射出成形法を応用した方法です。射出成型法は，本来，樹脂成形品を作製する一般的な方法ですが，このインサート成形法は，あらかじめ金型内に設置した金属と，注入された樹脂を直接接合して部材を作成することが可能です。小型部材の作製法として一部で実用化されています。しかし，その一方，金型を用いるために形状やサイズに大きな制約があり，大型部材や複雑な形状の部材などへの適用，あるいは現場での組立工程などへの対応は難しいのが現状です。

### 4.1.2　接着剤やリベットを用いずに板・シート状の樹脂材と金属とを直接接合できる新しい方法はありますか

　このため最近では接着剤やリベット等を用いずに，金属と樹脂等を直接接合する方法が求められています。その方法には熱圧着（融着）法があり，各種の加熱方法が検討されています。その中では，新しい加熱源として，レーザを用いる方法や摩擦発熱を用いる方法が注目されています。これらの詳細については4.3で説明します。

### 4.1.3　金属との直接接合が可能な樹脂材料にはどのような種類がありますか

　樹脂には熱可塑性樹脂と熱硬化性樹脂があります。熱可塑性樹脂は加熱により軟化し，さらに溶融する性質を有しています。加熱により金属／樹脂の直接接合が可能なのは熱可塑性樹脂です。熱可塑性樹脂の融点はその種類により異なりますが，約100℃から280℃程度です。融点以上の温度に加熱することにより容易に溶融するので，直接接合が可能になります。これには多くの種類がありますが，代表的なものには，ポリアミド（PA6），ポリエチレン（PE），

ポリプロピレン（PP），ポリエチレンテレフタレート（PET）などがあります。

一方，熱硬化性樹脂は加熱しても溶融せず，逆に固まって硬化するために，金属との直接接合はできません。これにはエポキシ，ポリイミド，メラニン樹脂などがあります。このため，これらの熱硬化性樹脂の接合は接着剤やボルト・リベットなどの機械的締結法によります。

#### 4.1.4 熱可塑性樹脂であれば樹脂の種類に依らず金属との直接接合は可能ですか

熱可塑性樹脂であっても，金属との直接異種材料接合が可能なものと困難なものがあります。樹脂の分子構造により接合性に大きな違いがあり，樹脂がその構造中に極性官能基を有しているかどうかで，接合性が判別されます。すなわち，極性官能基を有しているものは接合性に優れており，逆に極性官能基が無いものは，接合が困難になります。前者には，ポリアミド（PA）やポリエチレンテレフタレート（PET）など，後者にはポリエチレン（PE）やポリプロピレン（PP）などがあります。

なお，構造的に極性官能基の無い熱可塑性樹脂でも，その接合面表面にのみ極性官能基を付与すことは可能であり，大気中でのコロナ放電処理が一般的に利用されます。これにより極性官能基の無い熱可塑性樹脂でも接合が可能になります。

#### 4.1.5 極性官能基とはどのようなものですか

極性官能基の代表的なものに水酸基 OH，アミノ基 NH，カルボキシル基 COOH，アミド基 CONH などがあります。これらの分子構造では，隣接した原子はお互いの電子を共有する共有結合により強く結合されています。しかし，構成元素である水素（H）とその結合相手である酸素（O），窒素（N）との間では，電子を引きつける能力（電気陰性度）が大きく異なるために，電子分布に大きな偏りが発生し，水素原子がプラス（$+\delta$ と表示）に，その結合相手の原子がマイナス（$-\delta$ と表示）に帯電した分極と呼ばれる性質を示します。このために，これらの極性官能基を有する分子間では，静電引力による強い分子間力が働きます。このような極性官能基による分子間の結合は，水素が関係していることから水素結合と呼ばれています。

OH 基と H からなる単純な構造の水分子（$H_2O$）における分子間の結合状態

を図18に示します。1個の水分子を構成するOとHはお互いの電子を共有した共有結合により強く結合されています。一方、水分子同士の分子間の結合は、図に示すようにプラスに分極したH（+δ）と、隣接した分子のマイナスに分極したO（−δ）とが静電引力により引き合って結合されます。これが典型的な水素結合による分子間結合になります。

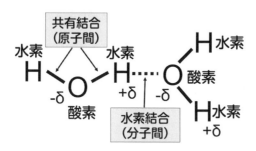

図18 水素結合による水分子($H_2O$)の原子間および分子間の結合状態

このように極性官能基は、樹脂などの高分子材料の接着性や反応性に重要な役割を果たしています。

これ対して、これらの極性官能基の無いポリエチレンなどのC-Hのみからなる分子構造では、CとHは共に電気陰性度が小さく、大きな差が無いためにほとんど分極はせず、分子間には大きな静電引力は作用しません。図19に代表的な樹脂の分子構造として、極性官能基であるアミド基を有するポリアミ

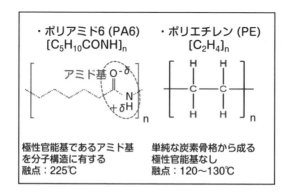

図19 極性官能基の有無による代表的な樹脂の分子構造

ド 6（PA6, ナイロン 6 とも呼ばれる）と極性官能基の無いポリエチレン（PE）を示します。ポリアミド 6 の構造式中の記号 $+\delta$ と $-\delta$ が，それぞれプラスとマイナスに分極していることを表しています。

#### 4.1.6　金属であれば種類によらず樹脂との直接接合が可能ですか

このように樹脂には接合しやすいものと，接合が困難なものがあります。

一方，相手材である金属では，いわゆる構造用金属材料であれば鉄鋼材料やアルミニウム合金，マグネシウム合金，チタン合金，ニッケル合金および銅合金などは，接合しやすい樹脂と適当な接合法を選択すれば，樹脂との直接接合は可能なようです。いずれも金属の種類というよりも，金属の表面状態に強く関係します。すなわち，金属表面の酸化皮膜が樹脂との直接接合に関係することが，これまでの研究で分かってきています。また金属表面の微小凹凸も接合に関係します。その仕組みについては次の 4.2 節で説明します。

#### 4.1.7　複合材料である CFRP と金属も直接接合できますか

CFRP の母相（マトリックス）を構成する樹脂が熱可塑性樹脂であれば樹脂／金属接合と同様に接合が可能です。この場合，母相樹脂と金属は接合しますが，強化材である炭素繊維は金属との接合には直接的には関係しないと考えられます。しかし，理想的には，母相樹脂／金属の接合と同時に，炭素繊維が金属と反応して化合物を形成する，あるいは機械的に金属と結合される方法が望まれます。

## 4.2　金属と樹脂の直接接合の仕組み

すでに述べたように金属構造と樹脂の高分子構造の直接的な結合は困難です。しかし，現実的には金属／樹脂の直接異種材料接合が可能となっています。残念ながら金属／樹脂の直接接合の接合機構については，まだ明確な説明はされていません。しかし，これまで古くから使用されてきた実績がある接着剤による接着機構が，金属／樹脂の直接異種材料接合にも適用できると考えられています[34),35),36)]。

接着剤による接合の主な接合機構としては，(a) 弱い分子間引力であるファンデルワールス力, (b) 強い分子間引力である極性官能基による水素結合力（静

電引力),(c) 化合物形成による化学的な結合（共有結合），および (d) アンカー効果による機械的結合が考えられています。このうち，ファンデルワールス力の強さを1とすると，水素結合力はその10倍，化学的な結合（共有結合）力は100倍程度と，その結合力には大きな差があるとされています。しかし，どれか一つの接合機構単独の効果によるものではなく，幾つかの接合機構が複合的に作用していると考えるのが一般的です。

以下にそれぞれの接合機構の簡単な説明をします。

### (a) 弱い分子間引力としてのファンデルワールス力

分子同士が極限にまで近づいたときに始めて働く弱い分子間引力であり，分子の種類によらず発生します。電気的に中性な分子内においても，幾つかの理由により分子内の原子間で電子が一方に偏り，この結果として電気的に，ごく弱くプラスとマイナスを帯びた部分（これは双極子と呼ばれています）が一定の確率で発生します。この静電引力が分子間引力となります。例えば，極性官能基の無いポリエチレン PE でもファンデルワールス力は作用します。しかし 4.1.4 で述べたように，極性官能基を持たない樹脂は金属との直接接合は困難ですので，結果として金属との直接接合に作用するファンデルワールス力の効果はごく小さいものです。

### (b) 強い分子間力としての極性官能基による水素結合力（静電引力）

すでに4.1.4で述べたように，樹脂／金属の直接接合おいては，まず樹脂がその構造式中に極性官能基を有していることが必要であり，またさらに金属側でも表面の酸化皮膜の存在が接合に効果的であることが分かってきています。極性官能基は 4.1.5 で述べたように水素結合力により強い分極を示します。一方，金属表面の金属酸化物も分極の性質を有しています。これらのことから，樹脂の極性官能基と金属表面の酸化物の分子が十分に接近すると，その間には強い静電引力が働き，水素結合力による接合を可能としていると考えられています。**図 20** にその模式図例を示します。

樹脂にはポリアミド6，また金属には汎用的に用いられているアルミニウム合金を仮定しています。ポリアミド6では極性官能基（アミド基）CONH において，H がプラス $(+\delta)$，また O がマイナス $(-\delta)$ に分極しています。

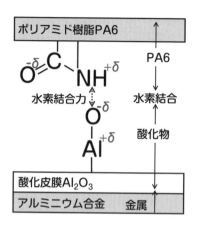

**図20 水素結合による樹脂と金属との接合機構模式図**

一方，アルミニウム合金では，その表面には自然の状態でごく薄い酸化アルミニウム（$Al_2O_3$）皮膜が形成しており，この場合にはAlがプラス（$+\delta$），またOがマイナス（$-\delta$）に分極しています。

したがって，図に示すように，樹脂のアミド基のHと酸化皮膜のOとの間で強い静電引力による水素結合力が作用することになります。なお，金属表面に形成される酸化皮膜はアルミニウム合金の種類や金属の種類により異なります。

### (c) 化合物形成による化学結合（共有結合）

樹脂と金属との間で何らかの化合物が形成されれば高い接合強度が得られる可能性が出てきますが，既に述べたように材料構造が異なるために困難です。

しかし，金属表面の酸化物などを介しての化合物形成は必ずしも不可能ではありません。その一例として，高分子材料の構成元素としても用いられている硫黄元素（S）を構造的に含む有機皮膜をあらかじめ金属表面に形成することにより，樹脂材料との接合時に接合界面（樹脂／酸化皮膜）に硫黄元素（S）を含む化合物が形成され，高い接合強度が得られることが報告されています[37]。またシランカップリングと呼ばれるシリコン元素（Si）との化学反応を樹脂／金属の接合に利用することも考えられており，水素結合力よりも高い接合

強度が得られることが示されています[38]。しかし樹脂／金属の直接接合に有効な一般的な化学結合法は，まだ確立されていません。

### (d) アンカー作用

一般に接着剤の接合機構はアンカー作用が主であると考えられています。これは材料表面の微小な凹凸部分に接着剤が入り込み，そこで接着剤が硬化して固まり，両方の材料を強く結び付けることにより接合されます。このために，接着接合前に材料表面を研磨紙で研磨したり，硬質粒子を吹き付けるブラスト処理などで表面を荒らして粗面化を行ったりします。

金属／樹脂の直接接合でも，同様に溶融した樹脂が金属表面の微小な凹凸部分に入り込み，その後に固まることにより接合されます。このためには金属表面にあらかじめ適度な微小凹凸を形成しておく必要があります。最近では，金属表面に微小な穴が多数開いた酸化皮膜を形成する方法[39]や，金属表面に電子ビームやレーザビームを照射することによりその表面に効果的な凹凸模様を形成する方法[40]などが提案されています。

### (e) 複合効果

(a) および (b) の分子間引力による結合力は，(c) や (d) の結合力に比して十分に大きなものではありませんが，溶融した樹脂が金属表面に濡れて，なじむためにはこれらの効果が必要であり，さらに (d) のアンカー作用を発揮するためにもこれらの効果が必須となります。このため，実用的には (a) の分子間力および (b) の水素結合による静電引力と，(d) のアンカー作用との重畳作用による複合効果が支配的と考えられています。もちろん，さらに(c) の化合物形成効果が加われば接合強度は，より大きなものが得られると期待されます。

## 4.3　新しい熱圧着法による金属と樹脂・CFRPとの直接接合の検討例

### 4.3.1　摩擦エネルギーを利用した摩擦重ね接合法

加熱熱源として摩擦エネルギーを利用する接合方法が提案されています。金属と樹脂を重ねて，金属の表面に高速回転する棒状のツールを押し付けることにより，摩擦発熱により金属表面を加熱し，その熱伝導により接合界面の樹脂

## 第4章 金属／樹脂・CFRPの異種材料接合

を溶融する方法[41]で，熱圧着法の一種になります。摩擦重ね接合法（Friction Lap Joining, FLJ）と名付けられています。

既に述べたFSWとは異なり，プローブと呼ばれる突起の無い回転ツールを用いており，いわゆる材料の撹拌効果はありません。樹脂の加熱・溶融と接合面の加圧を，回転ツールを押し付けることにより同時に実施する方法です。ツールを移動させることにより**図21**に示すようにアルミニウム合金／樹脂の連続した重ね継手が得られます。密着性に優れ，かつ，引張せん断試験では樹脂母材破断を示す良好な継手強度が得られています。

これまでに金属材料としてはアルミニウム合金，マグネシウム合金，炭素鋼，銅およびチタンにおいて樹脂材料との接合が確認されています。既に述べたように，接合が可能となる樹脂材料には4.1.2で述べたように，必要とされる材料特性があり，かつ樹脂材料の種類によっては相手材である金属材料にもアンカー作用が得られるように適当な表面処理が必要となります。さらにこの方法はCFRPと金属材料との異種材料接合にも適用可能であり，今後，接合に適

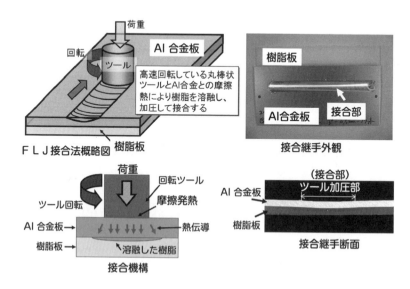

図21　摩擦エネルギーを利用した金属と樹脂との直接接合法：摩擦重ね接合法（FLJ）

4.3 新しい熱圧着法による金属と樹脂・CFRPとの直接接合の検討例

した CFRP 素材の開発を含めて注目されます。

### 4.3.2　FLJ 法による金属／樹脂・CFRP 直接接合の検討例

　FLJ 法は，その接合法としての原理から熱可塑性樹脂に適用されます。また，既に述べたように金属と樹脂との接合においては，まず樹脂がその構造式中に極性官能基を有しているかどうかで，接合性が判別されます。

　**図 22** は，極性官能基である COOH 基を有するエチレンアクリル酸コポリマー（EAA）と極性官能基を持たないポリエチレン（PE）の二種類の熱可塑性樹脂を用いて，アルミニウム合金 A2017 との接合を行った結果であり[42]，継手表面および裏面外観，断面マクロ写真を示します。

　さらに，図 22 はアルミニウム合金の表面状態の影響についても，受入材のままの状態と，表面に人工的に酸化アルミニウム皮膜を形成するアルマイト皮膜処理を施したものを比較検討したものです。極性官能基を有する EAA 樹脂では，アルミニウム合金の表面状態にかかわらず継手が形成されました。一方，

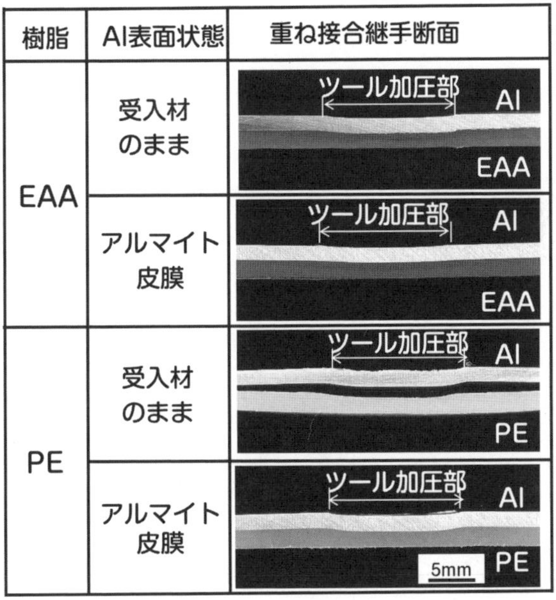

| 樹脂 | Al表面状態 | 重ね接合継手断面 |
|---|---|---|
| EAA | 受入材のまま | ツール加圧部 Al / EAA |
| EAA | アルマイト皮膜 | ツール加圧部 Al / EAA |
| PE | 受入材のまま | ツール加圧部 Al / PE |
| PE | アルマイト皮膜 | ツール加圧部 Al / PE（5mm） |

図22　摩擦重ね接合法（FLJ）による金属（アルミニウム合金）と熱可塑性樹脂の直接接合に及ぼす樹脂特性（極性官能基の有無）と金属表面状態の影響：接合継手断面組織[42]

極性官能基の無いPE樹脂は，受入材のままの状態では継手は形成されませんが，アルマイト皮膜処理材では継手が形成されました。既に4.2で説明したように，極性官能基の無いPEでも接合界面においては分子間引力であるファンデルワールス力は働きますが，その力はごく小さいために受入材のままでは接合継手の形成には至りません。

次に，**図23**は得られた継手の引張せん断試験による継手破断荷重を示します[42]。まずEAA樹脂では，受入材のままでは破断は主として接合界面であり，一部で樹脂母材破断も認められました。一方，アルマイト皮膜処理材ではすべて樹脂母材破断となり，このことは接合界面の強度は樹脂母材の強度よりも強いことを意味しており，良好な接合継手が得られています。

これに対して，PE樹脂では，アルミニウム合金の表面状態が受入材のままでは溶融したPEとアルミニウム合金は接合されませんでした。これはPE樹脂には極性官能基が無いためです。しかし，アルマイト皮膜処理材では接合が可能であり，かつ樹脂母材破断を示し，良好な接合継手が形成されました。なぜ，PEは極性官能基が無いにもかかわらず，アルマイト皮膜材との間では接合が可能となったのでしょうか？

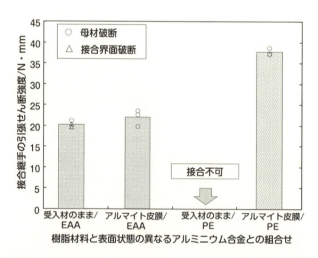

図23　摩擦重ね接合法（FLJ）による金属（アルミニウム合金A2017）／熱可塑性樹脂の直接接合継手強度に及ぼす樹脂特性と金属表面状態の影響[42]

その理由として，透過型電子顕微鏡で接合界面を高倍率で観察すると，図24(a)に示すようにアルマイト皮膜表面には多数の細孔が存在しており，(b)に示すようにさらに接合界面を拡大すると，ナノサイズレベルのその細孔の中に樹脂が流入して固まった形跡（接合界面の破線で囲った部分）が認められます。この現象は，いわゆるアンカー効果が発生し，機械的締結により接合されたことを示唆しています[42]。一方，極性官能基であるCOOH基を有するEAA樹脂では（c）に示すように受入材表面に存在する数ナノの厚さの酸化アルミニウム層との間で，図20と同様の水素結合により接合されたと考えられます。

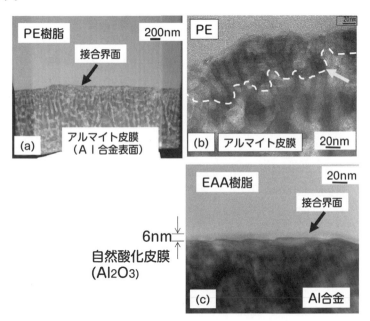

図24 摩擦重ね接合法(FLJ)による金属(アルミニウム合金A2017)／熱可塑性樹脂の直接接合継手における接合界面の透過型電子顕微鏡による組織
(a)PE樹脂／アルマイト皮膜,(b) (a)の拡大,アルマイト皮膜細孔への樹脂流入域,(c)EAA樹脂／受入材[42]

このように，金属／樹脂の接合には，樹脂の構造特性と金属であるアルミニウム合金の表面特性が，相乗的に接合性に影響することが分かります[43]。
樹脂の表面状態を人工的に改質することにより，接合性を大幅に改善するこ

とも可能です。樹脂の表面改質法として，古くから大気中放電の一種であるコロナ放電法が用いられています。樹脂や繊維などを弱い放電プラズマにさらすことによって，プラズマ中のオゾンや活性酸素により酸化反応を作用される方法です。無極性樹脂のポリエチレンPEに対してコロナ放電処理を施しますと，その表面には極性官能基であるヒドロキシル基（COH）やカルボキシル基（COOH）が形成されます。この状態で，直ちに摩擦重ね接合（FLJ）法によるアルミニウム合金との直接接合を行うと，無処理では接合できなかったPE樹脂が，コロナ放電処理後にはしっかりと接合されます。図25は，無極性樹脂のポリエチレンPEに対して，アルミニウム合金A5052（受入材）とのFLJ法による継手強度に及ぼすコロナ放電処理の効果を示します。コロナ放電処理によりPE樹脂でも接合継手が形成され，その継手は樹脂母材破断を示しており，樹脂表面の極性官能基の存在の重要性がよく分かります。

鉄鋼材料として軟鋼（SPCC）やステンレス鋼と樹脂ポリアミド（PA）との継手においても接合界面の空孔などの接合欠陥がなく，引張せん断試験では樹

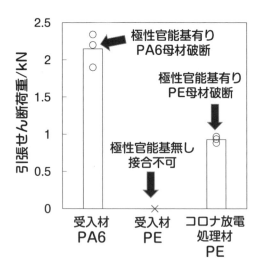

図25 コロナ放電処理による無極性樹脂であるポリエチレンPEのアルミニウム合金A5052との接合性の改善効果とポリアミド樹脂PA6との比較;摩擦重ね接合法（中田ら）

### 4.3 新しい熱圧着法による金属と樹脂・CFRPとの直接接合の検討例

脂母材破断を呈する良好な接合継手が得られています[44]。この場合にも，接合界面には鉄鋼材料由来の鉄酸化物層やクロム酸化物層の存在が確認されています。

さらにFLJ法は，極性官能基を有する熱可塑性樹脂をマトリックス材料とするCFRPと金属との接合にも適用可能です[38],[45],[46],[47]。**図26**は，アルミニウム合金A5052と，熱可塑性樹脂であるポリアミドPA6をマトリックス樹脂として，射出成形により形成された短繊維CFRP板（繊維径数μm，繊維長200～300μm，添加量20質量％）との重ね継手の外観写真（継手側面）です。接合条件の最適化によりCFRP母材破断やCFRPの一部母材破断を呈す

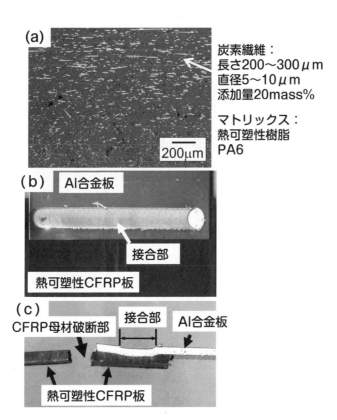

図26 摩擦重ね接合法（FLJ）によるAl合金／熱可塑性CFRPの直接接合例
(a)継手平面外観,(b)継手引張せん断試験後の継手側面外観(CFRP母材部での破断例)（中田ら）

る良好な継手が得られています。さらに図27に示すように接合界面の解析により，接合は，マトリックス樹脂とアルミニウム合金表面の酸化皮膜（この場合は，合金元素のマグネシウムMgが酸化したMgO）との間の水素結合によると考えられ，炭素繊維が直接，接合に寄与した形跡は認められませんでした。CFRPの特長を生かして接合するためには，炭素繊維がアルミニウム合金と直接反応する，あるいはアンカー作用に直接寄与するなどの新しい工夫が必要と考えられます。

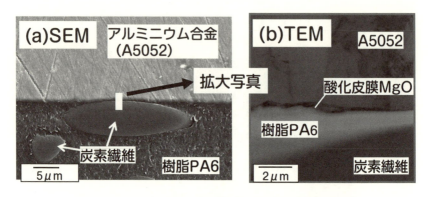

図27　アルミニウム合金／CFRP直接接合界面の微細組織構造：
(a)走査型電顕SEM観察，(b)透過型電顕TEMによる高倍率観察(中田ら)

### 4.3.3　レーザエネルギーを利用した方法

　レーザを用いる方法もレーザ融着法として注目されています。透光性を有する樹脂と金属を重ねて，樹脂側からレーザビームを照射し，透過したレーザビームで接合界面の金属表面を加熱し，接触している樹脂を溶融して接合する方法が一般的です。

　例えば図28に示すように金属SUS304と樹脂ポリエチレンテレフタレート（PET）の重ね異材継手において，PET母材破断を呈する良好な継手が得られており，LAMP法[9],[48]と名づけられて提案されています。この方法は非透光性の樹脂にも適用可能であり，金属側にレーザビームを照射し，金属の熱伝導により接合界面に接触している樹脂を溶融して接合することが可能であり，

4.3 新しい熱圧着法による金属と樹脂・CFRPとの直接接合の検討例

CFRPにも適用できることから注目されています。

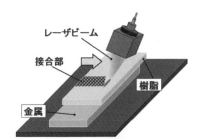
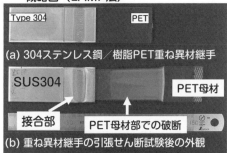

図28 レーザ照射加熱による金属(SUS304)／樹脂(ポリエチレンテレフタレートPET)の重ね異材接合法(LAMP法)の概略図と継手例(片山ら)

# 第5章
# 金属／セラミックスの異種材料接合

## 5.1 金属／セラミックスの異種材料接合は可能ですか

既に述べたように，金属，セラミックスおよび高分子材料間の異種材料接合は，材料構造が基本的に異なるために困難です。しかし，かってのアンケート調査結果（図2）からも分かるようにその期待は，最近になって一段と大きくなっています。

このうち金属とセラミックスの異種材料接合は，既にろう接（1.2.4 参照）により実用化されています。実用的には，溶融しているろう材とセラミックスとの濡れ性を確保する為に,少量のチタンなどの活性金属を含む活性ろう材(例えば銀-銅-チタン合金ろう）を用いるろう接法が適用されています。しかし，大気雰囲気下では，活性ろう材が溶融すると添加された活性金属が優先的に酸化されて濡れ性が著しく劣化します。このため通常は添加された活性金属の酸化を防ぐ為に真空加熱炉を用いて高真空雰囲気中，あるいは不活性ガス雰囲気中での炉中ろう付法が用いられます。このような方法では真空排気や炉全体の加熱・冷却等の処理工程に時間がかかることや，金属とセラミックスとの間の大きな熱膨張係数の差により，冷却時に発生する熱応力によって，しばしばセラミックスに割れが発生するなどの問題を抱えています。

## 5.2 金属／ダイヤモンドの異種材料接合もできる

最近になって，このような問題点を解決すべく，**図29** に示すように，レーザビームによる局所・短時間加熱を用いる新しい試みが超硬合金とセラミックスとの接合で提案されています[49),50)]。この方法は，図中に示すように，チタ

## 5.2 金属／ダイヤモンドの異種材料接合もできる

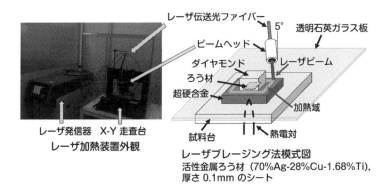

**図29　レーザブレージング法によるセラミックス／金属の異種材料接合法の説明概略図**

ンを含む活性ろう材（70mass%Ag-20mass%Cu-2mass%Ti合金）の厚さ0.1mmの箔をあらかじめ両者の間に挟んでおき，アルゴンガス雰囲気中で局所的なレーザビーム照射により超硬合金を加熱し，その熱伝導により，ろう材を溶融して接合する方法です。局所・短時間加熱によりセラミックスへの熱影響を最少とするなどの特長があり，真空炉を用いる従来のバッチ式に代わりうる新しいインライン式の可能性を示す方法として注目されています。

図30は超硬合金と単結晶ダイヤモンドとのろう付継手例であり，接合界面

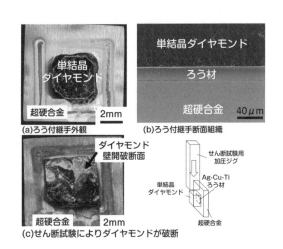

**図30　レーザブレージング法による単結晶ダイヤモンド／超硬合金のろう接継手**

## 第5章 金属／セラミックスの異種材料接合

には空洞などの未接合部は見られず，両者はろう材を介して強固に接合されています。継手せん断圧縮試験でも，接合界面は破断せず，破断はダイヤモンド自体が破壊（壁開破壊）され，良好な継手が得られています。この接合法により，ダイヤモンド以外にも，アルミナ，窒化珪素，炭化珪素などのセラミックスや黒鉛も超硬合金との異種材料接合が可能であり，精密切削工具などへの応用が検討されています。

また，図31はこの方法を装飾品製作に応用した例であり，ダイヤモンドと金属（プラチナ）とを直接ろう付して作製したダイヤモンドブローチを示します。ダイヤモンドは，通常はプラチナ台に，かしめ技法により機械的に固定して作製されますが，図31では両者が直接ろう付されており，新しいデザイン化の試みとして注目されています。

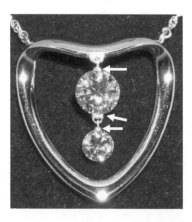

図31 ダイヤモンド／プラチナ台の直接ろう付(白い矢印部)により作製した
ダイヤモンドブローチ例(㈱スカイライト提供)

## 5.3 金属／セラミックスはどのような仕組みで接合されるのですか

すでに述べたように，一般的には溶融した金属はセラミックスには濡れ難く，このために両者の直接接合は難しいのです。しかし，チタン（Ti）やジルコニウム（Zr）などの一部の金属は溶融状態でセラミックスに濡れて反応し，両者の界面で金属間化合物を形成します。これらの金属は反応性に富む為に活性

## 5.3 金属／セラミックスはどのような仕組みで接合されるのですか

金属と呼ばれています。この優れた反応性を利用して，いわゆる銀ろう（Ag-Cu合金）などのろう材にこれらの活性金属を少量添加したろう材が開発され，活性ろう材として金属／セラミックスの接合に適用されています。添加されたチタンなどの活性元素は接合界面でセラミックスの主要構成元素である酸素，窒素，炭素などと選択的に反応して，例えば，それぞれチタン酸化物（$TiO_2$），チタン窒化物（TiN），チタン炭化物（TiC）などの反応層を形成します。これらがいわば"糊"の役目を果たして，ろう材とセラミックスが強固に接合されることになります。ただし，これらの化合物もセラミックスであり，反応層厚さが厚くなると，割れが発生しやすくなります。このため，3.4で述べたように，金属／金属の異種材料接合における金属間化合物形成の場合と同様に反応層の成長を抑制し，その厚さを可能な限り薄く，かつ界面全面に均一に形成されるような接合プロセス制御が必要とされます。

　図32は前節でのレーザブレージングによるダイヤモンドの活性ろう付継手の接合界面の透過型電子顕微鏡による高倍率の写真です。接合界面には，厚さがわずか数十ナノメートル（nm）のチタン炭化物（TiC）層が形成されており，これにより両者は強固に接合されています。

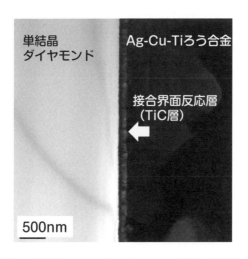

図32　透過型電子顕微鏡(TEM)によるナノレベル観察により明らかになった単結晶ダイヤモンド／ろう材接合部の界面反応層組織(中田ら)

# 第6章
# 今後の展開

## 6.1 異種材料接合技術の実用化への課題

　本書ではここまでに，異種材料接合技術について，その技術が注目されている社会的背景や，技術開発の現状について，主として異種材料接合の難しさと，それを克服して可能とするための数々の研究開発例などについて，分かりやすく述べてきました。このため，異種材料接合の可能性を接合継手が形成できるかどうか，さらにその静的継手強度が十分に高いかどうかの基準で判断をした結果を示しました。

　しかし，研究開発段階では要求性能を満足する結果が得られても，実際の実用化に向けては，大きな高い壁，あるいは深い谷が横たわっていることが知られています。異種材料接合では，例えば以下のようなことが実用化に向けての課題として挙げられます。すなわち，

(1) 動的機械的性質（疲労強度，衝撃特性など）はどうなのか？
(2) 化学的性質（耐食性や経年劣化など）はどうなのか？
(3) 接合プロセス
　(a) 継手強度の安定性／再現性の保証
　(b) 生産現場への適用性（研究から大量生産の現場へ）
　(c) 品質評価法（非破壊検査が望ましい）
　(d) コスト（接合設備，消耗品，維持・管理など）
(4) 知財化
(5) 規格化・標準化

以上のように，実用的には単に継手強度のみならず，部材や最終製品の用途

により，要求性能は多岐に亘ることが想定されます。このためには静的強度以外にも，疲労強度や衝撃特性，耐食性，耐候性，耐熱性などの特性も合わせて考慮する必要があります。

もちろん，特許等の知財化や，規格化・標準化も経済的に事業を展開するためには必要不可欠とされます。

これらの課題が解決して，初めて実用化技術として，部材，部品，あるいは最終製品に使用されることになります。したがって，実用化のためには一般的には十年単位といった長い期間が必要とされます。しかし，途中で課題が解決できずに，開発中止となるものの方がむしろ多数を占め，実用化にこぎつけるものの方が圧倒的に少ないこともまた現実です。

決してあきらめない精神と，長期的な視点を持った開発チームが実用化という重い扉を開けることができるのです。

## 6.2 さらなる挑戦：可逆接合・常温接合

### 6.2.1 可逆接合とバイオミメティックス

グローバルな環境問題を考慮したものづくりを指向する上で，接合技術に関しても，省エネルギープロセスの適用や，あるいは製品のリサイクル性なども重要な開発課題となっています。本書で取り上げる異種材料接合技術において，特に留意すべき課題として挙げられるのは，リサイクル性です。多様な材料を一つの部材・部品として強固に接合した場合に，製品の使用期限が到来したときに，リサイクルがスムーズに可能かどうかが問われます。接合継手の強度保障と，その逆に，接合継手の分離のしやすさを要求されるリサイクル性はまさに両立しがたい関係にあります。このような困難な課題の解決法の一つが，可逆接合です。

実用化されている可逆接合法にいわゆるマジックテープ（面ファスナー）があります。これは，野生ごぼうの実が服や犬の毛に付着するのは実のとげの先端が鉤のように曲がっていることにヒントを得て発明されたものです。このような自然界において生物が長い進化のなかで獲得してきた自然界の仕組みや特異な能力を模倣して現代の工業に応用しようという考えがバイオミメティック

# 第6章 今後の展開

ス（生物機能模倣技術）と言われています。

　接合部を簡便に，スムーズに分離する技術に関連するものには，例えば，落葉現象があります。落葉樹の葉が秋に落葉するのは，**図33**に示すように葉の根元と枝の幹との間に離層と呼ばれる薄い層が存在しており，秋になると離層が成長して一定の厚さを超えるとその部分で分離して落葉するように，あらかじめ仕組まれています。3.4.1節で述べた金属同士の異種材料接合において，接合部の金属間化合物層の厚さが厚くなると，その部分で割れが発生し，接合部が破断しやすくなる現象にも似ており，可逆接合に関係する分離技術のバイオミメティックスとして，幾つかの方法が提案されています[51]。

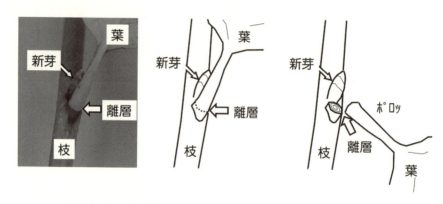

**図33　木の幹に接している葉枝の根元にみられる離層（矢印の部分）**

　たとえば，**図34**は異種金属接合部の金属間化合物層を離層とみなしたケースです。使用中は化合物層の厚さを薄く保つことにより高い接合継手強度を保持しているが，使用後のリサイクル時には加熱処理により化合物層を意図的に十分に厚く成長させることにより，その部分で容易に破断・分離させることが可能となります。

　このようにバイオミメティックスはその多様な機能と可能性に最近特に注目されており，その定義や技術的原理について国際標準化も進められています。

6.2 さらなる挑戦：可逆接合・常温接合

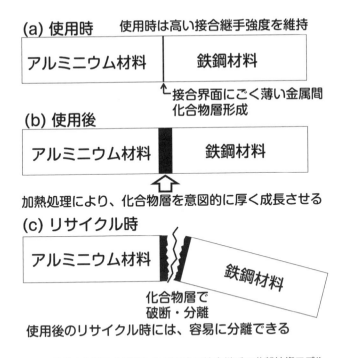

図34 落葉の仕組みを模倣した異種金属接合継手の分離技術モデル

### 6.2.2 常温接合

究極の接合法として，常温接合が挙げられます。これは，接合に際して加熱せず，さらに変形も伴わない理想的な接合法です。ほとんど不可能とされてきた接合方法ですが，半導体デバイス製造技術として，一部で実用化が始まっています[52),53)]。

その原理は，宇宙空間なみの超高真空雰囲気中で，接合しようとする材料表面にイオンビームを照射して，表面の酸化物や吸着物を除去して金属原子面を露出し，さらにナノメートルレベルで平坦化した後に，その原子面同士を無加圧で密着する方法です。このような方法により，基本的に原子間に作用している力により原子同士が強固に接合されます。シリコン，金属，酸化物，化合物半導体などやこれらの異種材料接合も可能とされています。

もちろん，このような方法を大気雰囲気下で構造用材料の接合に応用するこ

とはできませんが，将来，宇宙空間で宇宙ステーションを組み立てる際の接合技術としての使用が期待されます。

### 6.2.3　身近にある可逆接合・常温接合

　構造用材料への適用という枠をはずせば，意外と身近にある接合法が，実は見方を変えれば，可逆接合法であり，あるいは常温接合法であったりします。その例を**表13**に示します。

　接合強度はあまり期待できませんが，既に述べたマジックテープ（面ファスナー）が代表的な可逆接合であり，常温接合です。ポストイットや接着剤も同様と考えることができます。

　ろう接の一種のはんだ付は，電子回路の接合に多用されており，低温でろう付を溶融・固化して接合しますが，はんだを再溶融することにより簡単に接合部を取り外すことができ，可逆接合と考えることができます。

　ボルト・リベットなどの機械的締結法は構造用材料にも適用可能な，古くから用いられてきた可逆接合・常温接合と言えるでしょう。

　電磁石は，鉄鋼材料などの磁性材料にしか適用できませんが，立派な可逆接合であり，かつ常温接合です。通電時は電磁力によりしっかりと結合されていますが，通電を停止すると直ちに結合は解除されます。

　これらはいずれも可逆接合であるとともに，同時に異種材料接合とみなすことができます。

**表13　身近にある可逆接合・常温接合法**

| 接合プロセス | 可逆接合性 | 常温接合性 | 留意点 |
|---|---|---|---|
| ろう接 | 良好 | 劣る | 接合および分離時にろう材の溶融温度まで加熱必要 |
| 接着 | 良好 | 良好 | 分離時に接着剤の加熱分解、あるいは機械的切削が必要 |
| ボルト・リベット | 優れている | 優れている | 事前に部材の穴あけなどの加工が必要 |
| マジックテープ | 優れている | 優れている | 結合力は小さい |
| ポストイット | 優れている | 優れている | 結合力はごく小さい |
| 電磁石 | 優れている | 優れている | 鉄鋼などの磁性材料に限られる |

# おわりに

　本書は，異種材料接合技術が注目されている背景とその技術研究開発の現状についてできるだけわかりやすく概説を試みたものです。読者の皆様が，自動車などのものづくりにおいて，特に軽量化の観点から現在注目されている異種材料接合技術に関して，その用途の多様性とマルチマテリアル化を支える新しいものづくり技術としての可能性に興味や関心を持って頂ければ筆者の喜びとするところです。

## 参考文献

第1章
 1)「異種材料一体化のための最新技術」，サイエンス＆テクノロジー (2012年1月).
 2) 溶接学会編：「摩擦撹拌接合-FSWのすべて-」，産報出版 (1996年1月).

第2章
 3) 新エネルギー・産業総合開発機構：異材溶接技術の基礎研究,平成12年度調査報告書,NEDO-ITK-0009(2001.3) 68-82.
 4) 中田一博，牛尾誠夫：異材溶接・接合のニーズと今後の技術開発の動向,溶接学会誌,71-6 (2002) 418-421.
 5) 中田一博：異材接合への期待とその展望,溶接技術,50-2 (2002) 64-68.
 6) 日経ものづくり：ホンダ，鋼とAl合金の接合技術を開発　新型「アコード」で量産化,No.10 (2012) 18-19.
 7) 村井康生，小橋泰三：チタンの鋼板への直接ライニング技術,溶接技術,61-6 (2013) 76-81.
 8) 香川祐次，中村俊一，長谷泰治，山本章夫：鋼製橋脚飛沫干満部防食用チタンクラッド鋼板の基本特性と溶接加工法について,土木学会論文集,No.435/Ⅵ-15(1991.9),69-77.
 9) 日経ものづくり：溶接で樹脂も固定,2011年6月号52-53.
 10) 日経ものづくり：設計をここまで変える金属・樹脂接合,2011年11月号66-69.

第3章
 11) T.B. Massalski, Binary Alloy phase Diagrams, ASM International (1990).
 12) Welding Handbook, Vol.2, 8th edition. AWS (1991).
 13) 例えば,溶接学会編：「溶接・接合便覧」,丸善,964 (1990).
 14) 黒田晋一，才田一幸，西本和利：溶接学会論文集,17-3(1999) 484.
 15) 中田一博：アルミニウムと鉄の溶融溶接,溶接技術,52-10(2004) 126-130.
 16) 片山聖二他：溶接学会全国大会講演概要集,67 (2000) 248-249.

17) 中田一博：アルミニウムと鉄のブレーズ溶接, 溶接技術,52-11(2004) 126-130.
18) T. Murakami, K. Nakata, H.J. Tong, M. Ushio：Dissimilar Metal Joining of Aluminum to Steel by MIG Arc Brazing Using Flux Cored Wire, ISIJ International, 43-10(2003) 1596-1602.
19) 脇坂康成, 鈴木孝典：亜鉛合金ワイヤによるアルミニウム合金と亜鉛めっき鋼板のレーザブレージング, 溶接学会論文集,30-3 (2012) 274-279.
20) 岡村久宣, 青田欣也, 高井英夫, 江角昌邦：摩擦攪拌接合(FSW)の開発状況と適用上の課題, 溶接学会誌,72-5 (2003) 436.
21) 福本昌宏, 椿正己, 下田陽一朗, 安井利明：摩擦攪拌作用によるADC12/SS400材料間の接合, 溶接学会論文集,22-2(2004) 309.
22) 岡本他：摩擦攪拌接合(FSW)による異種金属の接合, 軽金属溶接,42-2(2004) 49.
23) 田中晃二, 熊谷正樹, 吉田英雄：摩擦撹拌点接合によるアルミニウム合金板と鋼板の異種金属接合, 軽金属,56-6(2006) 317-322.
24) Motor Fan, 最新接合事情 鉄とアルミを接合する,73(2012) 62-65.
25) 佐山 満：サブフレームのスチールとアルミ合金のFSW接合, 軽金属溶接,52-1(2014) 3-9.
26) J.S. Liao, N. Yamanoto, H. Liu, K. Nakata：Microstructure at friction stir lap joint interface of pure titanium and steel, Materials Letters, 64 (2010) 2317-2320.
27) Y. Gao, K. Nakata, K. Nagatsuka, F.C. Liu and J. Liao：Interface microstructural control by probe length adjustment in friction stir welding of titanium and steel lap joint, Materials and Design, 65 (2015) 17-23.
28) T. Matsuyama, T. Tsumura, K. Nakata: Novel Solid State Cladding of brass to Steel Plate by Friction Stir Welding, 溶接学会論文集,31(2013),73s-77s.
29) N. Yamamoto, J.S. Liao, S. Watanabe and K. Nakata: Effect of Intermetallic Compound Layer on Tensile Strength of Dissimilar Friction-Stir Weld of a High Strength Mg Alloy and Al Alloy, Materials Transactions, 50 (2009) 2833-2838.
30) Z.H. Song, K. Nakata, A. P. Wu, J.S. Liao: Interfacial microstructure and mechanical property of Ti6Al4V/A6061 dissimilar joint by direct laser brazing without filler metal and groove, Materials Science & Engineering A 560 (2013) 111–120.
31) Z.H. Song, K. Nakata, A.P. Wu, J.S. Liao, L. Zhou: Influence of probe offset distance on interfacial microstructure and mechanical properties of friction stir butt welded joint of Ti6Al4V and A6061 dissimilar alloys, Materials and Design 57 (2014) 269–278.
32) A.P. Wu, Z.H. Song, K. Nakata, J.S. Liao, L. Zhou: Interface and properties of the friction stir welded joints of titanium alloy Ti6Al4V with aluminum alloy 6061, Materials and Design 71 (2015) 85–92.
33) 青沼昌幸, 中田一博：摩擦攪拌接合法による異種金属接合, 塑性と加工（日本塑性加工学会誌）, 第53巻, 第621号 (2012-10),869-873.

第4章

34) 三刀基郷著：「トコトンやさしい接着の本」, 日刊工業新聞社,（2003）.
35) 三刀基郷監修, 駒峰郁夫・小林正也共著：「接着剤からみた接着技術, プラスチック材料編」, 日刊工業新聞社,（2003）.
36) セメダイン（株）著：「よくわかる接着技術」, 日本実業出版社,（2008）.

37) 森　邦夫：トリジアンチオールを用いる金属表面の機能化, 実務表面技術, 35-5 (1988), 210-218.
38) 永塚公彬, 田中宏宣, 肖　伯律, 土谷敦岐, 中田一博：摩擦重ね接合によるアルミニウム合金と炭素繊維強化樹脂の異材接合特性に及ぼすシランカップリング処理の影響, 溶接学会論文集, 33-4(2015) 317-325.
39) 例えば, 成富正徳：異なる樹脂, 樹脂と金属の直接接合技術,「異種材料接合」, 日経ＢＰ社, (2014), 121-143.
40) 例えば, 柴田　悟：新しい金属／樹脂接合技術「DLAMP（ディーランプ）」,「異種材料接合」, 日経ＢＰ社, (2014), 241-255.
41) 中田一博他：特許第817140号 (2015年10月9日), 特願2011-035001, 金属部材と樹脂部材との接合方法.
42) 岡田俊哉, 内田壮平, 中田一博：摩擦重ね接合によるアルミニウム合金と樹脂材料の直接接合特性に及ぼすアルマイト皮膜処理の影響, 軽金属溶接, 53(2015), 298-306.
43) 永塚公彬, 斧田俊樹, 岡田俊哉, 中田一博：摩擦重ね接合によるMg添加量の異なる種々のアルミニウム合金／樹脂の直接異材接合, 溶接学会論文集, 32(2014), 235-241.
44) 北川大喜, 永塚公彬, 山岡弘人, 中田一博：溶接学会全国大会講演概要集, 95 (2014.9) 56-57.
45) 永塚公彬, 吉田昇一郎, 土谷敦岐, 中田一博：溶接学会全国大会講演概要集, 95 (2014.9) 54-55.
46) K. Nagatsuka, S. Yoshida, A. Tsuchiya, K. Nakata, Direct joining of carbon-fiber-reinforced plastic to an aluminum alloy using lap joining, Composites: Part B, 73(2015)82-88.
47) 三輪剛士, 北川大喜, 永塚公彬, 山岡弘人, 中田一博：摩擦重ね接合によるステンレス鋼と炭素繊維強化熱可塑性樹脂との異材接合, 溶接学会全国大会講演概要集, 97 (2015-9) 12-13.
48) 川人洋介, 丹羽　悠介, 片山　聖二：ステンレス鋼とポリエチレンテレフタレートとのレーザ直接接合と信頼性評価, 溶接学会論文集, 28-1 (2010) 16-21.

第5章

49) 瀬知啓久, 中田一博：セラミックスと金属の異材レーザブレージング, ぶれいず, 44-115 (2010) 17-24.
50) 永塚公彬, 吉田昇一郎, 瀬知啓久, 中田一博：Ag-Cu-Ti活性ろう材を用いたレーザブレージングによるサイアロンと超硬合金の異材接合性に及ぼすTi添加量の影響, 溶接学会論文集, 31(2013) 16-22.

第6章

51) 細田奈麻絵：リバーシブル接合, 溶接学会誌, 78-3(2009)、191-194.
52) 須賀唯知：常温接合の可能性, サーキットテクノロジ, 7-1(1992) 52-54.
53) 髙木秀樹：ウェハ常温接合技術, 表面科学, 26-2(2005) 82-87.

著者略歴

中田 一博（なかた かずひろ）

1972年3月，大阪大学工学部溶接工学科卒，同大学院を経て，1977年5月，大阪大学溶接工学研究所(現，接合科学研究所)助手に採用，同准教授，同教授，同研究所長を経て2015年3月末定年退職。同年4月から同所特任教授として異種材料接合技術開発に従事。専門分野は溶接材料及び溶接・接合プロセス工学，並びに表面改質工学。大阪大学名誉教授・工学博士。

## マルチマテリアル時代の接合技術
― 異種材料接合を用いたものづくり ―

産報ブックレット1

2016年4月10日 初版第1刷発行

著 者  中田 一博
発行者  久木田 裕
発行所  産報出版株式会社
　　　　〒101-0025 東京都千代田区神田佐久間町1-11
　　　　TEL. 03-3258-6411／FAX. 03-3258-6430
　　　　ホームページ http://www.sanpo-pub.co.jp/
印刷・製本 壮光舎印刷株式会社

©KAZUHIRO NAKATA, 2016　ISBN978-4-88318-576-4　C3357　Printed in Japan
定価は裏表紙に表示しています。

万一，乱丁・落丁がございましたら，発行所でお取り替えいたします。